Forrester

Grundzüge einer Systemtheorie

Grundzüge einer Systemtheorie
(Principles of Systems)

von

Jay W. Forrester

Professor of Industrial Management
Massachusetts Institute of Technology (M. I. T.)

Ein Lehrbuch

aus dem Amerikanischen ins Deutsche übertragen
im Industrieseminar der Universität Mannheim (WH)
unter Leitung von Dr. Erich Zahn

mit einer Einführung von Professor Dr. Gert v. Kortzfleisch

Betriebswirtschaftlicher Verlag Dr. Th. Gabler   Wiesbaden

ISBN 978-3-663-02095-0   ISBN 978-3-663-02094-3 (eBook)
DOI 10.1007/978-3-663-02094-3

Copyright by Betriebswirtschaftlicher Verlag Dr. Th. Gabler, Wiesbaden 1972

Einführung

Die Betriebswirtschaftslehre als Wissenschaft mit dem Ziel, mikroökonomische Fakten theoretisch zweifelsfrei zu erklären und Methoden zur rationalen Entscheidung in den Betrieben zu erarbeiten, empfängt von der Unternehmensforschung (Operations Research) bedeutende Impulse: das methodologische Bewußtsein der als Wissenschaftler tätigen Betriebswirte wird beim Umgang mit mathematischen Verfahren geschärft; die Praktiker sind gezwungen, ihre Handlungsziele und Aktionsdeterminanten klar zu formulieren; beide, Wissenschaftler und Praktiker, müssen mit Vertretern anderer Disziplinen, z.B. Ingenieuren, Mathematikern, Informatikern usw., zusammenarbeiten und erweitern dabei ihren Gesichtskreis. Mit der Unternehmensforschung ist außerdem die Computernutzung durch Betriebswirte in neue Dimensionen gewachsen. Rechenanlagen werden außer für solche Aufgaben, die von herkömmlichen Lochkartenmaschinen prinzipiell (wenn auch wesentlich zeitaufwendiger) ebenfalls zu bewältigen wären, zusätzlich zur Lösung komplizierter Entscheidungsprobleme herangezogen. Dafür stehen leistungsfähige Algorithmen zur Verfügung, an deren Verbesserung in vielfacher Hinsicht erfolgreich gearbeitet wird; das gleiche gilt für die benötigten Computerprogramme.

Bei aller Verschiedenheit der mit ihrer Hilfe vorzubereitenden Entscheidungen und der dafür speziell entwickelten Algorithmen haben die Verfahren der Unternehmensforschung doch einige bedeutende Gemeinsamkeiten. So ist durchweg unter vielen möglichen, diejenige Lösung für ein Entscheidungsproblem in mehreren Rechenschritten zu ermitteln, die unter den gegebenen Restriktionen der Zielvorstellung am besten gerecht wird, d.h. im allgemeinen: es ist das Optimum für eine gegebene Situation zu bestimmen. Der jeweils zur Anwendung kommende Algorithmus fordert mathematisch exakte Formulierungen für die Zielfunktion und für die Bedingungen, unter denen die Zielvorstellungen zu erfüllen sind. Da aber in den Unternehmen - es sei denn, bei Vorliegen ganz einfacher Verhältnisse - immer sehr komplexe und interdependente Einflüsse zu berücksichtigen sind, führt das Anwenden von O.R.-Verfahren zwangsläufig zum Bescheiden mit dem Auffinden von Suboptima. Die Rechenansätze zwingen außerdem dazu, die in sie einzusetzenden Größen eindeutig als Zahlen mit Dimensionen auszudrücken. Das ist in den Unternehmen vor allem dort am einfachsten, wo der engste Bezug zur Technik besteht, was zwangsläufig zur Folge hat, daß die optimierenden Verfahren der Unternehmensforschung vor allem für Entscheidungen über die Gestaltung und die Auslastung von Produktionseinrichtungen geeignet sind. Schließlich fordern die meisten der anzuwendenden Algorithmen Konstanz der einzubeziehenden Größen mindestens für den Zeitraum, in dem die Rechenergebnisse gültig sein sollen.

Begrenzen der Problemstellungen auf das Bestimmen von Suboptima, kardinales Quantifizieren der einzubeziehenden Größen und ein bedingt statischer Charakter der O.R.-Verfahren haben deren Heranziehen zum Vorbereiten von unternehmens- oder geschäftspolitischen Entscheidungen bisher nahezu vollkommen unmöglich gemacht. Gerade das ist ja charakteristisch für Entschlußsituationen im Bereich der Unternehmens- oder Geschäftspolitik, daß umfassende Komplexe des Unternehmens und seiner Aktivitäten davon erfaßt werden; Suboptima helfen also wenig. Imponderabilien, die nicht exakt zu quantifizieren sind, müssen berücksichtigt werden, und es muß hier in Zeiträumen gedacht werden, für deren Dauer die Annahme statischer Gegebenheiten eigentlich immer wirklichkeitsfremd ist. Aus diesem Grunde wird das für O.R.-Verfahren so schwer zugängliche Feld der Unternehmens- oder Geschäftspolitik von den um klare Aussagen bemühten Wissenschaftlern - mit einem gewissen Bedauern, nicht helfen zu können - dem praktisch tätigen Unternehmensleitern überlassen, die sich mehr von ihren Erfahrungen, ihrem Situationsgefühl und von ihrem Instinkt für die Brauchbarkeit der Informationen, allenfalls noch von Faustregeln, nicht aber von einer irgendwie gearteten Theorie leiten lassen. Weniger ihre Grenzen kennende als Wissenschaftler tätige Betriebswirte leiten aus dem Umstand, daß von Unternehmens- oder Geschäftspolitik die Rede ist, die fatale Konsequenz ab, daß hier Kompromißfindungsprozesse, wie etwa im Bereich der Parteipolitik, wo gegenläufige persönliche Interessen zu befriedigen sind, ablaufen. So werden der Betriebswirtschaftslehre zwar noch gewisse mathematikfreie Räume erhalten; das Übertragen von sozialpsychologischen Termini und Aussagen oder solchen aus dem Bereich der Politologie in die mikroökonomische Sphäre - so lautstark es an einigen Fakultäten propagiert wird - hilft doch offensichtlich wenig, rationale Entscheidungen für die Unternehmens- oder Geschäftspolitik zu treffen.

Die Unternehmens- oder Geschäftspolitik den nur verbalen Überlegungen einer sich als Definitionskunst verstehenden Betriebswirtschaftslehre zu entziehen, um der obersten Unternehmensleitung ebenso Hilfsmittel für das rationale Vorbereiten von Entscheidungen zu liefern, wie sie in den O.R.-Verfahren für das Management der mittleren Hierarchieebene zur Verfügung stehen, ist eine der großen Aufgaben unseres Faches. Zu ihrer Bewältigung scheinen systemanalytische Verfahren geeignet zu sein, und unter diesen besonders dasjenige, das von Jay W. Forrester, von Hause Elektroingenieur und in der Computerentwicklung äußerst erfolgreich, während der vergangenen rd. 15 Jahre an der A.P. Sloan School of Management (M.I.T.) entwickelt worden ist. Die Grundzüge der von Forrester geschaffenen Methode zur Vorbereitung von Entscheidungen über Policies werden hier in diesem, nun ins Deutsche übertragenen Lehrbuch vorgelegt. Darin wird deutlich, daß mit einer auf Grunderkenntnissen der Kybernetik beruhenden Methode die vielfältigen wechselseitigen und verflochtenen Interdependenzen des Systems Unternehmung und damit gerade dessen Dynamik im langfristigen Zeitablauf zu erfassen ist. Der Preis dafür ist allerdings, daß im Gegensatz zu analytischen Verfahren kein Optimum bestimmt werden kann; vielmehr kommt es darauf an, heuristisch die verschiedenen möglichen Entscheidungsvarianten durch Simulation des realen Systemverhaltens mit einem Computer so lange zu testen, bis eine befriedigende Alternative gefunden ist.

Die von Forrester entwickelte und ursprünglich "Industrial Dynamics", jetzt "System Dynamics" genannte Methode, ist nun seit rd. 4 Jahren Gegenstand akademischer Lehrveranstaltungen in der Universität Mannheim. Zur wissenschaftlichen Durchdringung von komplexen unternehmens- oder geschäftspolitischen Problemen hat sich dieses Verfahren bewährt, wie u.a. Erich Zahn in seiner im Gabler-Verlag 1971 veröffentlichten Dissertation mit dem Thema "Das Wachstum industrieller Unternehmen - Ein Versuch seiner Erklärung mit Hilfe eines komplexen dynamischen Modells" - gezeigt hat. In der Praxis wird Forresters Methode von rd. 200 bedeutenden Unternehmen zur Vorbereitung ihrer Geschäftspolitik eingesetzt. Außer mikroökonomischen Problemen sind inzwischen damit auch solche der Regionalpolitik, der Energieversorgungspolitik, der Entwicklungspolitik und der Bildungspolitik bearbeitet worden. Das umfassendste Modell wurde vom Club of Rome in Auftrag gegeben mit dem Ziel der Erkenntnis von Interdependenzen zwischen den globalen Problemen: Überbevölkerung, Aufbrauch der natürlichen Rohstoffe, Unterernährung, Kapitalbildung und Kapitalverteilung sowie Umweltzerstörung. Ein Ergebnis dieser Studie ist die von Forrester selbst verfaßte Monographie "World Dynamics".

Bei den als Übungen mit Gruppenhausarbeiten durchgeführten Lehrveranstaltungen und noch mehr bei den von interdisziplinär zusammengesetzten Teams vorgenommenen Anwendungen der Forrester-Methode wurde in den U.S.A., in Japan und in der Bundesrepublik die weitgehend gleiche Erfahrung gemacht: Das formale Gerüst der Methode erscheint sehr einfach und daher leicht verständlich für jeden, der systematisch denkt und gewillt ist, einige mathematische Zusammenhänge zu erfassen; das Übertragen dieses Gerüstes auf eine reale Entscheidungssituation ist dagegen äußerst schwierig, vor allen Dingen für diejenigen, die bisher keine Möglichkeit hatten, Realsysteme im persönlichen Erleben kennenzulernen. Das Formulieren der eigentlichen Fragestellung und das Erfassen der wirklich relevanten Variablen ist vorerst noch eine Kunst, bei der sich mehr im Aussondern als im Streben nach Vollständigkeit der Meister zeigt. Wer nach dem Studium dieses Lehrbuches nicht gleich imstande ist, Modelle zu konstruieren, deren Computersimulationen das Gewicht einzelner Variablen und die Wirkungen von Systemstrukturen deutlich erkennen lassen, sollte nicht aufhören, sich mit dem Verfahren zu befassen. Die Einfachheit des Übertragens eines in Rückkoppelungsschleifen gezeichneten Modells in das zugehörige Gleichungssystem sollte zu immer neuen Versuchen ermutigen. Dazu ist nicht erforderlich, daß eine Rechenanlage des Typs zur Verfügung steht (IBM 360), für den der DYNAMO-Compiler von A. L. Pugh III eigens für das Forrester Verfahren entwickelt worden ist. Mit FORTRAN und auch mit ALGOL sind die Gleichungen ebenso zu programmieren; die Rechenzeiten sind in jedem Falle erstaunlich kurz.

Das hier in Deutsch vorgelegte Lehrbuch ist aus Kursunterlagen für die Studierenden an der A.P. Sloan School of Management entstanden und liegt im Original als Second Preliminary Edition (Second Printing) vor; an seiner Vervollkommnung wird ständig gearbeitet. Dennoch haben wir uns entschlossen, eine Übertragung aus dem Amerikanischen vornehmen zu lassen und dem Gabler-Verlag zur Veröffentlichung vorzuschlagen, wobei die für solche Bücher typische Druckart übernommen worden ist. Allein eine wörtliche Übersetzung der Vorlage hätte den Aufwand nicht gerechtfertigt. Es wurde darüberhinaus versucht, die Fachsprache der deutschen Betriebswirtschaftslehre zu treffen, um so für das dargestellte Verfahren vor allem Freunde unter denjenigen zu finden, die in der Praxis unternehmens- oder geschäftspolitische Entscheidungen zu treffen haben.

Dr. Erich Zahn, seinerzeit als Assistent-Professor am M.I.T. tätig, hat die Hauptarbeit bei der vorliegenden Übertragung geleistet. Die Assistenten des Industrieseminars, vor allem Dipl.-Kfm. Heidegret Baur und Dipl.-Kfm. Peter Milling, sowie die Assistenten des Laboratoriums für Physikalische Technologie, Dipl.-Ing. Klaus Bellmann und Dipl.-Ing. Dieter Buddenberg, haben ihn mit kritischen Anregungen und Korrekturlesen unterstützt.

Dem Verleger Dr. Reinhold Sellien gebührt Dank dafür, daß er das Wagnis einer Veröffentlichung wie der hier vorliegenden übernommen hat.

Mannheim, Februar 1972   Gert v. Kortzfleisch

Inhalt

	Seite
1. Systeme	9
1.1 Die Allgegenwärtigkeit von Systemen	9
1.2 Die Systemprinzipien als strukturiertes Wissen	11
1.3 Die Systemarten — offene und geschlossene Systeme	15
1.4 Die Rückkopplungsschleife	19
2. Zur Dynamik von Feedback-Systemen	23
2.1 Die Verhaltensarten	23
2.2 Der negative Regelkreis erster Ordnung	27
2.3 Der negative Regelkreis zweiter Ordnung	35
2.4 Der positive Regelkreis	42
2.5 Gekoppelte nichtlineare Regelkreise	48
Der positive Regelkreis	51
Der negative Regelkreis	54
Das rechnerische Behandeln von Systemoperationen	62
Das graphische Behandeln von Systemoperationen	66
3. Modelle und Simulationen	73
3.1 Modelle	73
3.2 Grundlagen der Anwendbarkeit von Modellen	77
3.3 Simulation versus analytische Lösungsverfahren	79
4. Zur Struktur von Systemen	87
4.1 Die geschlossene Systemgrenze	88
4.2 Der Regelkreis — das Strukturelement von Systemen	89
4.3 Die Zustands- und Flußgrößen — die Substruktur der Regelkreise	92
4.4 Die Substruktur der Aktionsvariablen — Ziel, Zustand, Abweichung, Aktion	101
5. Die Gleichungen und ihre rechnerische Lösung	107
5.1 Rechenschritte	107
5.2 Gleichungssymbole	113
5.3 Zustandsgleichungen	115
5.4 Rategleichungen	118
5.5 Hilfsgleichungen	121
5.6 Gleichungen für Konstante und Anfangswerte	124

6. Zur Modellkonzeption 127
    6.1 Dimensionen 127
    6.2 Lösungsintervall 129
    6.3 Approximation 136
    6.4 Differentialgleichungen — ein Exkurs 137

7. Flußdiagramme 140

8. Der DYNAMO-Compiler 147
    8.1 Funktionen ohne Integration 154
    8.2 Funktionen mit Integration 166

9. Informationsverbindungen 179

10. Integration 189
    10.1 Integration einer Konstanten 189
    10.2 Integrationen erzeugen Exponentialfunktionen 192
    10.3 Integrationen erzeugen Sinusschwingungen 207

Anhang: Die Aufgaben erscheinen — entgegen einem Hinweis auf Seite 14 — nicht im Anhang dieses Buches, sondern in einem gesonderten Band.

Systemprinzipien

1. Systeme

1.1 Die Allgegenwärtigkeit von Systemen

Der Mensch lebt und arbeitet in sozialen Systemen. Sein wissenschaftliches Interesse ist auf das Verstehen der Struktur natürlicher Systeme gerichtet. Seine Technologie hat komplexe physikalische Systeme hervorgebracht. Aber trotzdem sind die Prinzipien, die das Verhalten aller Systeme bestimmen, bisher weitgehend unverstanden geblieben.

So wie der Begriff hier verwendet wird, bedeutet System eine Anzahl von miteinander in Beziehung stehenden Teilen, die zu einem gemeinsamen Zweck miteinander operieren. Ein Kraftfahrzeug ist zum Beispiel ein System von Komponenten, die zur Durchführung von Transporten zusammenwirken. Ein Autopilot und ein Flugzeug bilden ein System; das Integrieren der Systemkomponenten bewirkt das Einhalten einer bestimmten Flughöhe. Ein Lagerhaus und eine Laderampe bilden zusammen ein System zum Verladen von Waren auf Lastkraftwagen.

Ein System kann sowohl Menschen als auch Sachen umfassen. Der Lagerverwalter und die Büroangestellten sind zum Beispiel Teile des Warenhaussystems. Das Management eines Unternehmens ist ein System von Menschen zur Allocation von Produktionsfaktoren und zur Steuerung der Geschäftsaktivität. Eine Familie ist ein System zum leben und Kinder aufzuziehen.

Wenn also Systeme so allgegenwärtig sind, warum werden dann die Konzepte und Prinzipien dieser Systeme nicht klarer in der Literatur und in der Ausbildung hervorgehoben? Liegt dies etwa daran, daß kein Bedürfnis vorhanden ist, die Grundzüge von Systemen zu verstehen, oder sieht es etwa so aus, als hätten Systeme keine allgemeingültige Theorie und keine Bedeutung? Oder haben die Systemprinzipien sich beim Nachdenken als so verschleiert erwiesen, daß sie sich einer Entdeckung entzogen? Eine Antwort auf die im ersten Satz gestellte Frage muß wohl jeder der drei geäußerten Vermutungen gerecht werden.

In einer primitiven Gesellschaft sind die bestehenden Systeme natürlich gewachsen und ihre Wesenszüge werden als von Gott gegeben, als jenseits menschlichen Verstehens oder Gestaltens angenommen. Der Mensch paßt sich einfach den natürlichen Systemen, die ihn umgeben, an und ebenso der Familie und den mehr durch allmähliche Entwicklung als durch Planung entstandenen sozialen Stammessystemen. Der Mensch paßt sich den Systemen an, ohne gezwungen zu sein, diese zu verstehen.

Als sich die industriellen Gesellschaften entwickelten, begannen solche komplexen sozialen Systeme das Leben zu beherrschen, wie sie in ökonomischen Zyklen, politischen Unruhen, wiederkehrenden Finanzkrisen, fluktuierenden Beschäftigten und unstabilen Preisen manifest werden. Aber diese sozialen Systeme wurden nun so komplex und ihr Verhalten so unüberschaubar, daß eine allgemeine Theorie nicht möglich erschien. Die wissenschaftliche Suche nach einer Strukturordnung, nach Ursache-Wirkungsbeziehungen und nach einer Theorie zur Erklärung des Systemverhaltens gab zuweilen Anlaß, an zufällige und irrationale Ursachen für das beobachtete Verhalten zu glauben.

Allmählich ist es während der letzten hundert Jahre aber klar geworden, daß das Hindernis für das Verstehen von Systemen nicht das Fehlen bedeutender allgemeingültiger Konzepte war, sondern nur die Schwierigkeit, die allgemeinen Prinzipien, die Erfolge und Mißerfolge der Systeme erklären, zu erkennen und auszudrücken. Die Wirtschaftswissenschaften haben viele Grundbeziehungen in unseren industriellen Systemen erkannt. Die Psychologie und die Religion haben einige der Wechselwirkungen zwischen Humansystemen beschrieben. Die Medizin hat biologische Systeme behandelt. Die politischen Wissenschaften haben Regierungs- und Bündnissysteme untersucht. Aber die meisten dieser Analysen waren verbal und qualitativ. Die reine Deskription jedoch war nicht ausreichend, das wahre Wesen der Systeme zu enthüllen. Die Mathematik, die dazu benutzt wurde, die wissenschaftlichen Kenntnisse zu ordnen, ist nicht geeignet, die wesentlichen Realitäten unserer bedeutenden sozialen Systeme zu behandeln. Wir sind mit Bruchstücken von Kenntnissen überhäuft worden, hatten aber keine Möglichkeit, diese Kenntnisse zu ordnen.

1.2 Die Systemprinzipien als strukturiertes Wissen

Eine Struktur (oder Theorie) ist von wesentlicher Bedeutung, wenn wir unsere Beobachtungen auf irgendeinem Wissensgebiet wirksam zueinander in Beziehung setzen und interpretieren wollen. Ohne integrative Struktur bleibt die Information ein Mischmasch von Bruchstücken und ist das Wissen eine bloße Sammlung von beobachteten und vielleicht widerstreitenden Zufällen.

Eine derartige Konstellation beziehungsloser Tatsachen kennzeichnet viel von unserem Wissen über mikro- und makroökonomische Systeme. Unsere vereinzelten und oft widerstreitenden Eindrücke sind noch nicht durch das Zusammenfügen zu einer einheitlichen Struktur auf einen gemeinsamen Nenner gebracht worden. Ohne eine Struktur, die die Tatsachen und Beobachtungen in eine wechselseitige Beziehung bringt, ist es schwierig, aus Erfahrungen zu lernen, d.h. die Vergangenheit für Aussagen über die Zukunft zu nutzen.

Welche Bedeutung der Struktur in der Ausbildung zukommt, ist überzeugend von Jerome S. Bruner von Harvard dargelegt worden.[1] Er schreibt: "Die Struktur eines Gegenstandes zu begreifen heißt, ihn auf eine Weise zu verstehen, die es erlaubt, viele andere Dinge sinnvoll mit ihm zu verknüpfen. Kurz, die Struktur erlernen heißt, zu lernen, wie die Dinge zueinander in Beziehung stehen ... ein guter Unterricht, der die Struktur eines Gegenstandes betont, ist wahrscheinlich für den weniger fähigen Studenten sogar wertvoller als für den begabten. Denn der erstere wird eher als der letztere den Überblick über die Zusammenhänge verlieren ... Es gibt zwei Wege, auf denen das Erlernte in der Zukunft nutzbar gemacht werden kann. Einer besteht im spezifischen Anwenden auf Aufgaben, die dem ursprünglich Gelerntem sehr ähnlich sind ... Ein weiterer Weg besteht in der Übertragung von Prinzipien oder Haltungen ... Die Kontinuität des Lernens, die durch den zweiten Übertragungstyp hervorgerufen wird, also die Übertragung von Prinzipien, beruht auf der Beherrschung der Struktur des Gegenstandes ...

Den vorhergehenden Erörterungen liegen wenigstens vier allgemeine Anforderungen zugrunde, die an die Lehre der Grundstruktur eines Gegenstandes gestellt werden können:

Der erste ist, daß das Verstehen der Grundlagen einen Gegenstand verständlicher macht ...

Der zweite bezieht sich auf das menschliche Gedächtnis. Vielleicht ist es das Grundlegendste, was nach einem Jahrhundert intensiver Forschung über das menschliche Gedächtnis gesagt werden kann, daß die Einzelheiten schnell vergessen sind, wenn sie nicht in ein strukturiertes Muster gebracht werden.

Drittens scheint das Verstehen der grundlegenden Prinzipien und Ideen, wie früher erwähnt, der Hauptweg für eine entsprechende Anwendung und Übertragung auf andere

---

[1] Bruner, Jerome S., The Process of Education, Harvard University Press, 1960.

Probleme zu sein. Etwas als ein spezifisches Beispiel eines allgemeinen Falles zu verstehen, - und das bedeutet das Verstehen eines Grundprinzips und einer Struktur - heißt, nicht nur eine einzelne Tatsache gelernt zu haben, sondern auch ein Modell für das Verstehen anderer ähnlicher Dinge, denen man begegnen könnte ...

Der vierte Anspruch auf Betonung der Struktur und der Prinzipien beim Lernen beruht darauf, daß man durch beständiges Überprüfen des Materials die Kluft zwischen fortgeschrittenen und elementaren Kenntnissen verringern kann."

Die Gesetze der Physik bilden eine Struktur, die unsere zahlreichen über die Natur gemachten Beobachtungen in einen Zusammenhang bringen. Diese Struktur der physikalischen Kenntnisse ist die Grundlage für die heutige Technologie.

In den Managementsystemen wird eine solche Basisstruktur von Prinzipien gerade erst entwickelt. Manager und Ausbilder haben lange nach einer Struktur gesucht, um die verschiedenen Erscheinungen psychologischer, mikroökonomischer und makroökonomischer Prozesse zu vereinigen. Der Managementausbildung wurde immer zum Vorwurf gemacht, sie sei nur deskriptiv und besitze kein einheitliches Konzept. In der Tat ist hier lange nach einer Struktur gesucht worden, eben weil die Natur der Sache diese einer brauchbaren Strukturierung entzogen hatte.

Jetzt scheint mit der Konzeption der Rückkopplungssysteme die lange gesuchte Grundlage für die Strukturierung unserer Beobachtungen in sozialen Systemen gefunden zu sein. Während des letzten Jahrhunderts ist die Systemtheorie langsam bis zur Anwendung auf mechanische und elektrische Systeme entwickelt worden. Physikalische Systeme sind jedoch weit einfacher als soziale und biologische Systeme, und erst im letzten Jahrzehnt sind die Prinzipien dynamischer Interaktionen in Systemen weit genug entwickelt worden, um bei der Beschäftigung mit sozialen Systemen praktikabel und nützlich zu werden.

Mit Hilfe der in diesem Buch dargelegten Prinzipien der Systembehandlung sollte es möglich sein, die verwirrenden Beobachtungen in unseren politischen und ökonomischen Systemen zu strukturieren. Ist eine Struktur und sind die vorherrschenden Prinzipien für Systeme akzeptiert, so sollten sie auch dazu dienen, Widersprüche zu erklären, Mehrdeutigkeiten aufzuheben und Streitfragen in den Sozialwissenschaften zu lösen. Das Wissen um die Systemstrukturen sollte der Ausbildung für das Bewältigen zwischenmenschlicher Beziehungen denselben Auftrieb geben, die die Erkenntnis von der Struktur der physikalischen Gesetze der Technologie gegeben hat. Die Sozialwissenschaften sollten leichter zu lehren sein, wenn sie auf einem Bestand an Prinzipien beruhen, die allen Systemen gemeinsam sind, seien es menschliche Systeme oder technische Systeme. In den Systemkonzepten sollten wir eine gemeinsame Grundlage finden, die die Naturwissenschaften und die Geisteswissenschaften vereinigen. Die Ausbildung sollte auf vielen Gebieten beschleunigt werden, wie Bruner sagt:
"Struktur ... ist in der Lage, die Kluft zwischen fortgeschrittenen und elementaren Kenntnissen zu verringern."

Dieses Buch beschäftigt sich mit der Struktur und den Prinzipien von Systemen unter Berücksichtigung der mikro- und makroökonomischen Organisationen und der sozialen Systeme, die Menschen, finanzielle Mittel und physische Elemente in sich vereinigen.

(Aufgaben hierzu siehe Abschnitt 1.2 des Anhanges)

* Die Aufgaben mit Erläuterungen und Lösungen befinden sich im Anhang ab Seite

1.3 Die Systemarten — offene und geschlossene Systeme

Systeme können in "offene" und in "geschlossene" oder sog. "feedback" Systeme eingeteilt werden.

Ein offenes System ist charakterisiert durch einen Strom von Outputs, die Reaktionen auf zeitlich vorangegangene Inputs darstellen, aber diese Outputs sind isoliert und haben keinen Einfluß auf die Inputs. Ein offenes System beobachtet nicht und reagiert nicht auf seinen Output. Die Resultate von vorangegangenen Aktionen kontrollieren nicht die zukünftigen Aktionen. Ein offenes System gibt weder Obacht noch reagiert es auf seine eigene Leistung. Ein Kraftfahrzeug zum Beispiel ist ein offenes System, das sich nicht selbst steuert weder aufgrund von Informationen über eine zurückgelegte Strecke, noch aufgrund einer Zielvorstellung, die angibt, wohin es in Zukunft zu fahren hat. Eine Uhr, für sich genommen, beobachtet nicht ihre eigene Ungenauigkeit und reguliert sich nicht selbst; sie ist ebenfalls ein offenes System.

Ein Rückkopplungssystem, auch "geschlossenes" System genannt, wird durch sein eigenes Verhalten in der Vergangenheit beeinflußt. Ein solches "Feedback-System" hat die Struktur einer geschlossenen Schleife, in der die Ergebnisse vorangegangener Handlungen als Informationen zur Kontrolle zukünftiger Aktionen benutzt werden. Bei den Rückkopplungssystemen lassen sich zwei Arten unterscheiden:

Eine Klasse dieser Systeme, die sog. negativen Feedback-Systeme, sind zielsuchend; sie reagieren auf Zielabweichungen.

Eine zweite Klasse von Rückkopplungssystemen, die sog. positiven Feedback-Systeme, erzeugen Wachstums- und Schrumpfungsprozesse; Aktionen führen hier zu Resultaten, die weitere Aktionen mit noch grösseren Wirkungen auslösen.

Ein Rückkopplungssystem steuert seine Handlung aufgrund der Ergebnisse vorangegangener Aktionen. Das Heizungssystem in einem Haus zum Beispiel wird durch einen Thermostaten kontrolliert, der auf die Temperatur reagiert, die vorher durch den Ofen erzeugt wurde. Da die von dem System bereits erzeugte Wärme die weitere Wärmeerzeugung steuert, stellt eine solche Heizungsanlage ein negatives Rückkopplungssystem dar, das der richtigen Temperatur, dem extern vorgegebenen Ziel, zustrebt. Eine Uhr und ihr Besitzer bilden ebenfalls ein negatives Feedback-System, wenn die von der Uhr angezeigte Zeit mit der richtigen Zeit verglichen und entsprechend neu gestellt wird. Eine Maschine mit einem Regler nimmt ihre eigene Geschwindigkeit wahr und paßt das Drosselventil an, um die festgesetzte Geschwindigkeit zu erreichen; es handelt sich auch hier um ein negatives Rückkopplungssystem. Bakterien vermehren sich und lassen mehr Bakterien entstehen, was wiederum die Wachstumsrate, die das Erzeugen neuer Bakterien repräsentiert, vergrössert. In diesem positiven Rückkopplungssystem hängt die Erzeugungsrate neuer Bakterien jeweils von der Anzahl der Bakterien ab, die aus der in der Vergangenheit stattgefundenen Vermehrung hervorgegangen sind.

Ob ein System als ein offenes oder als ein geschlossenes System klassifiziert werden sollte, ist nicht eine Frage der besonderen Anordnung von Systemelementen, sondern hängt allein vom Standpunkt des Betrachters bei der Definition des Systemzweckes ab.

Die Art und Weise, in welcher der Zweck des Systems bestimmt, ob ein offenes oder ein geschlossenes System vorliegt, kann - unter Berücksichtigung verschiedener Gesichtspunkte - am Beispiel eines Verbrennungsmotors illustriert werden.

   1. Der Motor, der ohne Regler arbeitet, hat keine Geschwindigkeitsvorgabe. Er ist in Bezug auf die Ge-

schwindigkeitsregulierung ein offenes System. Eine
Veränderung der Ventileinstellung führt zu einer
anderen Geschwindigkeit. Die Geschwindigkeit aber
hat keinen Einfluß auf das Ventil. Außerdem werden
Belastungsveränderungen die Geschwindigkeit verändern, ohne eine Anpassung des Ventils zu veranlassen.

2. Das Einbauen eines Geschwindigkeitsreglers macht aus dem Motor, im Hinblick auf die Geschwindigkeitsanpassung, ein geschlossenes System mit konstanter Geschwindigkeitsvorgabe. Veränderungen der Belastung verursachen Geschwindigkeitsveränderungen, die ihrerseits eine kompensierende Anpassung der Ventileinstellung hervorrufen, da der Regler die Funktion hat, die vorgegebene Geschwindigkeit, auf die er eingestellt wurde, zu halten.

3. Wir nehmen nun an, der Motor ist Teil eines Rasenmähers, und wir verändern das Ziel "Laufen mit konstanter Drehzahl" in das Ziel "Rasenmähen". Von der erweiterten Zwecksetzung des Grasschneidens aus gesehen ist der Rasenmäher ein offenes System, da er nicht wahrnimmt, welches Gras schon geschnitten wurde und wo als nächstes zu schneiden ist.

4. Wenn wir die Person dazu nehmen, die den Rasenmäher bedient, so sehen wir wieder ein geschlossenes System mit der Zwecksetzung, einen ganz bestimmten Rasen zu schneiden. Der Bedienende und der Mäher bilden eher ein Rückkopplungssystem (d.h. ein zielsuchendes System) als ein offenes System (d.h. ein System, das nicht auf ein bestimmtes Ziel ausgerichtet ist), weil das Mähen wohl unter Berücksichtigung des bereits geschnittenen Grases erfolgt.

5. Wenn wir aber den Gesichtskreis wieder erweitern und aus der Position des Besitzers eines Rasenpflegeunternehmens urteilen, der das Ziel hat, den Wünschen seiner Kunden zu entsprechen, so sind der Bedienende und sein Rasenmäher als Teil eines grösseren Systems zu sehen. In diesem Falle stellen der Arbeiter und seine Ausrüstung ein offenes System dar, das hinsichtlich der Abfolge spezifischer Aufgaben nicht geregelt ist.

6. Nimmt man die Managementfunktion hinzu, so können die Instruktionen, die aus den Anforderungen der Kunden resultieren, als Führungsgrössen angesehen werden. In Bezug auf die Zielsetzung einer richtigen Terminierung der Arbeiten müssen die Arbeiter, die Ausrüstung und der Unternehmer zusammen als ein geschlossenes System mit dem Zweck, die Rasenpflegebedürfnisse der Kunden zu befriedigen, angesehen werden.

Eine weitere Zielsetzung kann ein geschlossenes System mit vielen Komponenten implizieren. Aber jede Systemkomponente kann selbst wieder ein Rückkopplungssystem in Bezug auf irgendeinen untergeordneten Zweck sein. Man muß deshalb versuchen, eine Hierarchie von Rückkopplungsstrukturen zu erkennen, in der der am meisten interessierende Zweck den Umfang des entsprechenden Systems bestimmt.

Dieses Buch beschäftigt sich mit der Theorie, den Grundrissen und dem Verhalten geschlossener Systeme. Es sind die positiven Rückkopplungsschleifen eines Systems, in denen man die Wachstumskräfte findet. Die negativen oder zielsuchenden Rückkopplungsstrukturen der Systeme verursachen Fluktuationen und Instabilität.

(Aufgaben hierzu siehe Abschnitt 1.3 des Anhanges)

1.4 Die Rückkopplungsschleife

Die Grundstruktur einer Rückkopplungsschleife ist in Fig. 1. 4a dargestellt. Die Rückkopplungsschleife ist ein geschlossener Pfad, der die Entscheidung, die eine Handlung steuert, den Zustand[1] des Systems und die Informationen über diesen Zustand, die zum Entscheidungspunkt zurückgemeldet werden, verbindet.

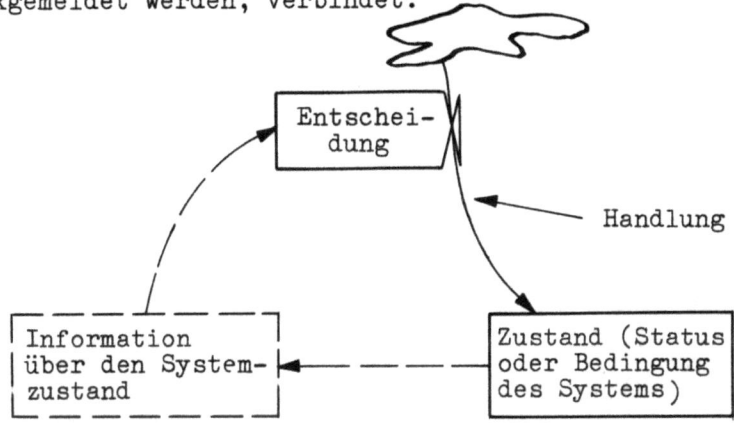

Fig. 1. 4a: Rückkopplungsschleife

Die zu jedem Zeitpunkt verfügbare Information ist Grundlage für die jeweils anstehende Entscheidung, die den Handlungsvollzug steuert. Die Handlung selbst verändert den Zustand des Systems. Der Zustand (der wahre Zustand) des Systems wird in der Information über das System manifest. Diese Information kann verzögert oder irrig sein; sie repräsentiert deshalb den scheinbaren Zustand des Systems, der vom wahren (tatsächlichen) Zustand abweichen kann. Es ist daher die Information (der scheinbare Zustand) und nicht der wahre Zustand die Grundlage des Entscheidungsprozesses.

Die in Fig. 1. 4a abgebildete Struktur, die nur aus einer

---

[1] Der Ausdruck Zustand ("level") wird hier im Sinne von Systemstatus oder -bedingung gebraucht.

Schleife besteht, ist die einfachste Form eines Rückkopplungssystems. Zusätzlich können in der Schleife noch Verzögerungen und Verzerrungen auftreten und viele derartige Schleifen können miteinander verbunden sein.

Das Bestellen von Waren zur Aufrechterhaltung eines Lagerbestandes in einem Warenhaus mag die kreisähnliche Ursache-Wirkungs-Struktur der Rückkopplungsschleife veranschaulichen (Fig. 1. 4b).

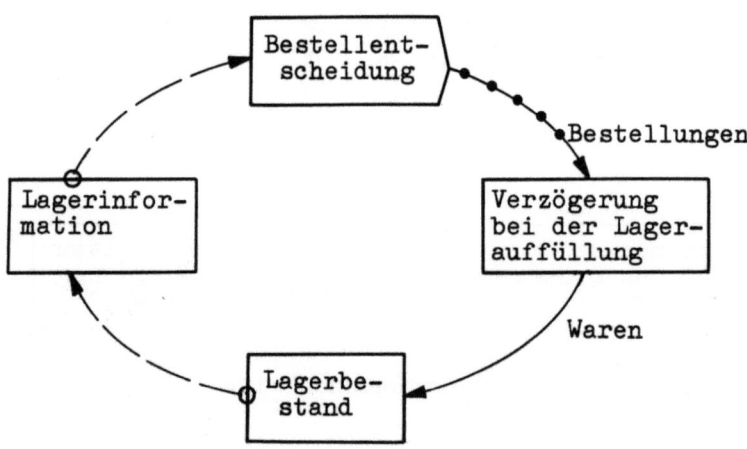

Fig. 1. 4b: Lager-Bestell-Schleife

Hier bewirkt die Bestellentscheidung einen Strom von beim Lieferanten eingehenden Bestellungen. Die beauftragte Firma liefert die Waren mit einer gewissen Verzögerung, die durch das Versenden oder Herstellen der Güter entsteht. Der Lagerbestand ist die Quelle für Informationen über das Lager. Aber diese Informationen können fehlerhaft oder verzögert sein, so daß sie nicht immer den wahren gegenwärtigen Zustand des Lagers wiedergeben. Die Information über den Lagerbestand ist der Input, auf dem die Bestellentscheidung beruht. (In einem vollständigeren System können natürlich noch andere Informationen der Bestellentscheidung zugrunde liegen). Die Lagerbestandskontrollschleife zeigt einen kontinuierlichen Prozeß. Veränderungen können zu allen Zeiten und zu jedem Punkt rund um die Schleife auftreten.

Der gegenwärtige Aktionsstrom entspricht der gegenwärtigen Entscheidung, die wiederum von der gegenwärtigen Information abhängt. Der gegenwärtige Zustand des Systems jedoch hängt nicht von der gegenwärtigen Aktion ab, sondern ist stattdessen eine Akkumulation aus allen vorangegangenen Handlungen.

Betrachten wir zum Beispiel einen Tank, der mit Wasser gefüllt ist. Die Höhe des Wasserspiegels ist der Systemzustand. Dieser Zustand resultiert aus der Akkumulation, die durch den Wasserzufluß der vergangenen Perioden verursacht wurde; der Zustand ist jedoch nicht durch die Geschwindigkeit der im gegenwärtigen Zeitpunkt zufliessenden Wassermenge determiniert. Ein starker Strom in einen leeren Tank bedeutet noch keinen vollen Tank. Der Zustand eines bereits gefüllten Tanks ist nicht davon abhängig, ob der Zufluß vollständig aufhört.

Die Information selbst ist einer der Zustände des Systems (oben als scheinbarer Zustand bezeichnet). Die Information ändert sich in dem Maße, wie es offenbar wird, daß sie von der wahren Variablen, die sie zu repräsentieren hat, abweicht. Die Information ist nicht durch den gegenwärtigen wahren Zustand bestimmt, der weder sofort noch genau verfügbar ist, sondern stattdessen durch die vergangenen Zustände, die beobachtet, übertragen, analysiert und geordnet worden sind. Die Diskrepanz zwischen einem wahren Zustand und dem Informationsstand, der die Entscheidungen beeinflußt, besteht im Prinzip immer. Für ein praktisches Problem ist die Information zuweilen ausreichend, so daß keine Unterscheidung zwischen wahrem und scheinbarem Zustand erforderlich ist.

(Aufgaben hierzu siehe Abschnitt 1.4 des Anhanges)

2. Zur Dynamik von Feedback-Systemen

2.1 Die Verhaltensarten

Die aus den Aktivitäten in einer "negativen" Rückkopplungsschleife resultierenden Verhaltensarten können von gleichmäßiger Annäherung an das angestrebte Ziel bis zu starken Oszillationen bei der Zielsuche reichen. "Positive" Rückkopplungsschleifen zeigen Wachstum und Schrumpfung. "Nichtlineare" Schleifenverbindungen können Dominanzverschiebungen von einer Schleife zur anderen verursachen. Zur Einführung in das dynamische (d.h. in der Zeit variierende) Verhalten von Rückkopplungsschleifen werden in diesem Abschnitt verschiedene geschlossene Systeme dargestellt, die die in Fig. 2.1 gezeigten zeitabhängigen Verhaltensreaktionen erklären. Die Kurven veranschaulichen die Zeitreihen von einigen Systemvariablen.

Die Kurve A ist typisch für die einfachste Art eines geschlossenen Systems, in welchem die betrachtete Variable mit abnehmender Zuwachsrate einem Endwert zustrebt (hier einem Wert von drei).

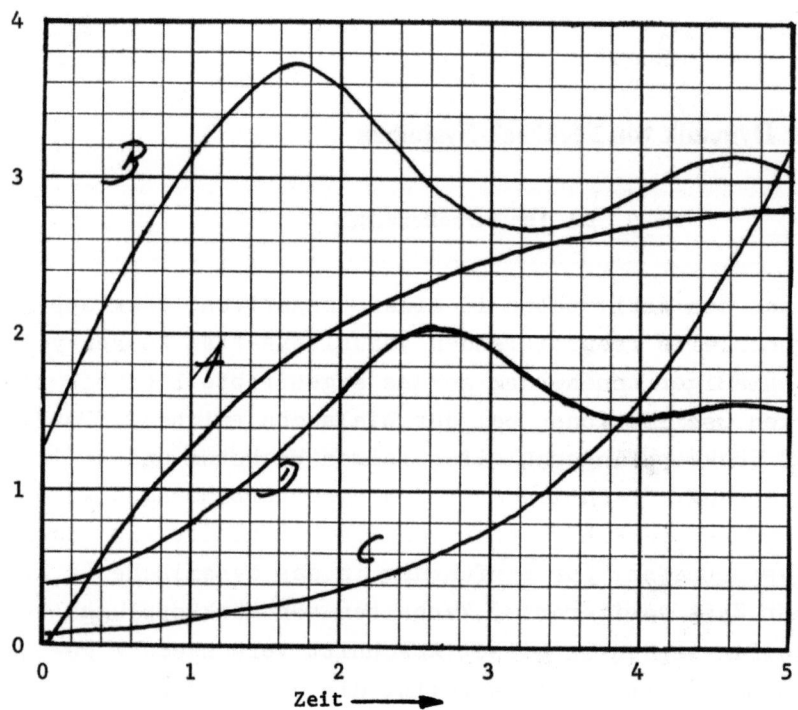

Fig. 2.1: Dynamisches Verhalten

Die Variable, die in Kurve A abgebildet ist, hat zum Ausgangszeitpunkt den Wert null. Der Wert wächst bis 1,3 zum Zeitpunkt 1, bis 2,05 zum Zeitpunkt 2 und nähert sich ständig einem Endwert 3, ohne ihn ganz zu erreichen. Eine solche einfache Annäherung an ein Gleichgewicht könnte das Wachstum einer Gruppe von Beschäftigten zeigen, wenn die Anzahl der Beschäftigten durch Neueinstellungen vergrössert wird und sich einem Planziel nähert. Oder die Kurve könnte darstellen, wie eine Information, die den scheinbaren Zustand (d.h. die Bedingung oder den Status) wiedergibt, mit dem immer besseren Erfassen der tatsächlichen Gegebenheiten einem wahren Wert zustrebt. Oder die Kurve könnte den Auffüllvorgang bei einer Wasserspülung repräsentieren.

Alle diese Beispiele haben gemeinsam, daß die Änderungen

zur Erzielung eines Endwertes anfangs stärker sind und dann immer schwächer werden, je geringer der Unterschied zwischen dem gegenwärtigen und dem angestrebten Wert ist.

Kurve B zeigt eine kompliziertere Zielapproximation (hier ist der Endwert ebenfalls drei); sie schießt zunächst über den Zielwert hinaus und fällt dann wieder, um die vorangegangene Welle auszugleichen. Das System pendelt sich auf den Gleichgewichtswert ein. Ein solches Verhalten kann aus langen Verzögerungen im Regelkreis resultieren oder seine Ursache in einer zu starken Kontrollreaktion haben, die den Unterschied zwischen dem gegenwärtigen Systemzustand und dem Systemziel ausgleichen soll. Fluktuationen dieser Art können an der unregelmäßigen Geschwindigkeit einer Maschine, die von einem defekten Regler kontrolliert wird, in den Auf- und Abschwungphasen der industriellen Produktion, wie sie die Konjunkturzyklen zeigen, in den Preisschwankungen für Naturprodukte - wenn Angebot und unregelmäßige Nachfrage sich suchen -, und bei einem Betrunkenen, der versucht, das Schlüsselloch zu finden, beobachtet werden.

Kurve C zeigt Wachstum mit gleichen relativen Raten in jedem Zeitintervall. Nach der Zeichnung verdoppeln sich die Ordinatenwerte in jeder Zeiteinheit. Ein derartiges exponentielles Wachstum ist bei der Zellteilung, beim Umsatzwachstum eines Produktes, wo die Verkaufsanstrengungen in einem festen Verhältnis zu den erzielten Erlösen stehen, bei der Kettenreaktion während einer Atomexplosion und bei der Kaninchenvermehrung zu sehen.

Kurve D zeigt zunächst eine Phase exponentiellen Wachstums, das von einem ausschwingenden Teil abgelöst wird. Diese Kurve ist eine Zusammensetzung von Kurve C - in der ersten Phase - und von Kurve B - in der zweiten Phase - (der zweite Teil der Kurve kann auch wie im Falle A - ohne ein Überschießen des Zielwertes - verlaufen). Ein solches Verhalten (ohne Überschwingen) läßt sich beim Wachstum eines Tieres feststellen, das zunächst sehr stark

wächst und sich dann immer langsamer seiner natürlichen
Größe nähert. Diese Art von Wachstum, die zu einem kontinuierlichen Gleichgewicht führt, könnte ebenso einen Kaninchenbestand repräsentieren, der zunächst sehr stark
bis zu einem Punkt expandiert, wo die Menge des verfügbaren Futters nicht mehr ausreicht, um noch weitere Kaninchen zu ernähren.

Kurve D läßt sich auch bei der Entfaltung nuklearer Aktivität in einem Atomkraftwerk beobachten, wo die Kernspaltung bis zu einem vorgegebenen Stadium fortschreitet
und dann durch das Kontrollsystem gedämpft wird. Sie repräsentiert die Wachstumsphase eines Produktes, die in
eine Reife- und Stagnationsphase übergeht, weil die Nachfrage des Marktes gesättigt wird oder weil die Produktionskapazität erreicht wird oder etwa weil die Qualität des
Produktes inzwischen gesunken ist.

In den folgenden Abschnitten werden mehrere Systeme untersucht, um zu sehen, wie die hier beschriebenen Verhaltensmuster entstehen können.

(Aufgaben hierzu siehe Abschnitt 2.1 des Anhanges)

2.2 Der negative Regelkreis erster Ordnung

Fig. 2. 2a zeigt die einfachste Struktur einer Rückkopplungsschleife. Hier kontrolliert eine einzige Entscheidung (Bestellrate) den Input eines Systemlevels (Lager). Es entsteht keine Verzögerung oder Störung im Informationskanal vom Lager L zur Bestellentscheidung BR; das impliziert, daß der beobachtete Systemzustand jeweils mit dem wahren Systemzustand identisch ist.

Die Rückkopplungsschleife in Fig. 2. 2a wird als ein System "erster Ordnung" bezeichnet, da sie nur eine Statusvariable (das Lager) besitzt.[1]

Das Diagramm zeigt ein einfaches Lagerhaltungs-Kontrollsystem, wobei keine Verzögerung zwischen der Warenbestellung und dem Eintreffen der Waren am Lager entsteht.

Es sei zunächst unterstellt, daß die Bestellrate sowohl positiv als auch negativ sein kann, d.h. Waren können entweder für das Lager bestellt oder dem Lieferanten zurückgesandt werden. Ziel des Systems ist es, den gewünschten Lagerbestand GL, der im Diagramm als eine in den Entscheidungsprozeß eingehende Konstante dargestellt ist, aufrechtzuerhalten.

---

[1] In diesen Flußdiagrammen, die in Absatz 7 detaillierter beschrieben sind, stellt das Rechteck immer eine Zustandsvariable und das Ventilsymbol (Bestellrate in Fig. 2. 2a) eine Flußvariable dar.

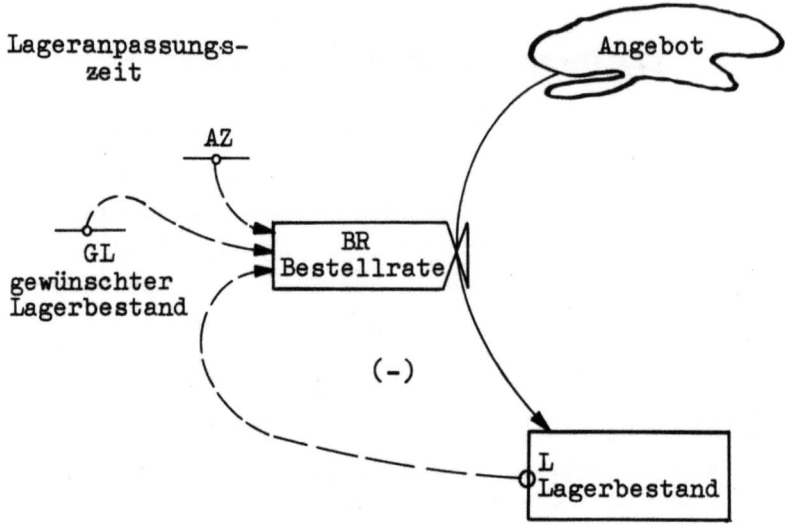

Fig. 2. 2a: negativer Regelkreis erster Ordnung

Die Bestellentscheidung, die dem Ziel dient, den aktuellen Lagerbestand dem gewünschten anzugleichen, muß die Bestellrate vergrössern, sobald der Lagerbestand unter das gewünschte Niveau fällt. Umgekehrt sollte die Bestellrate verkleinert werden, wenn der aktuelle Lagerbestand sich dem gewünschten nähert. Wird das Lager größer als der gewünschte Zustand, so sollte die Bestellrate wachsende negative Werte annehmen, was bedeutet, daß dem Lieferanten zu viel bestellte Waren zurückgesendet werden. Eine einfache Bestellregel könnte so festgelegt sein, daß die Bestellrate allein von der Differenz zwischen dem gewünschten und dem aktuellen Lagerbestand abhängig ist. Die Bestellrate könnte damit zunächst durch die folgende Beziehung zum Ausdruck gebracht werden:

$$BR = GL - L$$

BR = Bestellrate (Menge[1]/ Zeit)
GL = gewünschter Lagerbestand (Menge)
L = Lagerbestand (Menge)

---

[1] Menge steht hier für Mengeneinheiten

Eine solche Gleichung ist jedoch in ihren Dimensionen nicht richtig. Der Ausdruck auf der linken Seite ist in "Mengen/Zeit" gemessen, der rechte Ausdruck dagegen nur in "Einheiten".

In den vorangehenden Ausführungen wurde behauptet, daß "die Bestellrate von der Differenz zwischen gewünschtem und aktuellem Lagerbestand abhängt". Aber was besagt nun diese Abhängigkeit? Steigt die Bestellrate schnell oder langsam, wenn der Lagerbestand fällt? Ist sie proportional zum Lagerfehlbestand? Mögliche Antworten auf diese Fragen sind graphisch durch die Kurven, die Beziehungen zwischen Lager und Bestellrate zeigen, in Fig. 2. 2b dargestellt. Wenn der gegenwärtige und der gewünschte Lagerbestand identisch sind, so sollte die Bestellrate gleich null sein, um der hier beschriebenen Bestellregel zu genügen. Wie schnell aber muß nun die Bestellrate steigen, wenn der Lagerbestand unter das gewünschte Niveau sinkt? Wie in Kurve A oder schneller als in Kurve B oder zunächst langsam und dann schneller als in Kurve C? (Die Kurven A und B sind "linear", was bedeutet, daß sich die Bestellrate proportional zur Lagerdiskrepanz verhält, wie die Geraden zeigen. Die Kurve C ist "nichtlinear", die Bestellkurve verläuft linksgeschwungen, wenn sich der Lagerbestand ändert).

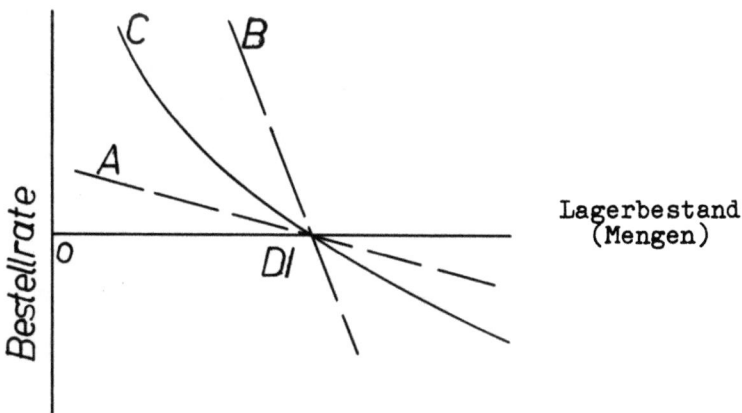

Fig. 2. 2b: Bestellrate

Um vollständig zu sein, müßte die Gleichung für die Bestellrate näher angeben wie diese von den Lagerbestandsänderungen abhängt. Unterstellen wir eine einfache lineare Beziehung wie in den Geraden A und B. In die Gleichung für die Bestellrate muß dann noch ein Ausdruck aufgenommen werden, der festlegt, welche der linearen Beziehungen gewünscht ist. Dieser Ausdruck gibt an, wie schnell die Lagerdiskrepanz korrigiert werden soll. Er muß darüberhinaus die Dimensionen auf der rechten Seite der Bestellgleichung zu "Mengen/Zeit" machen. Der Terminus für die Bestellrate selbst gibt die Mengeneinheiten per Woche für jede Einheit der Lagerdiskrepanz an und hat somit die Dimensionen

$$\frac{\text{Menge/Woche}}{\text{Menge}} = \frac{1}{\text{Woche}}$$

Dieser Ausdruck definiert die Steigung der entsprechenden Geraden in Fig. 2. 2b. Die Gleichung für die Bestellrate kann damit wie folgt geschrieben werden:

$$BR = \frac{1}{AZ} \; (GL - L) \qquad \qquad GL. \; 2.2-1$$

BR = Bestellrate (Mengen/Woche)
AZ = Anpassungszeit (Wochen)
GL = gewünschter Lagerbestand (Mengen)
L = Lager (Mengen)

Dies ist eine dimensionsgerechte Festlegung einer einfachen, willkürlichen Bestellregel. Sie besagt, daß die Bestellung per Woche gleich dem Anteil 1/AZ von der Differenz zwischen gewünschtem und tatsächlichem Lagerbestand ist.

Wenn die Konstanten AZ und GL sowie die Variable L gegeben sind, so kann die Bestellrate aus der Gleichung 2.2-1 errechnet werden. Die Einheiten der Lagerbestandsdiskrepanz (das ist der Unterschied zwischen gewünschtem und aktuellem Lagerbestand) werden durch die in Wochen gemessene Lageranpassungszeit dividiert. Die Zeit AZ ist die Zeit,

die erforderlich wäre, um den Lagerbestand zu korrigieren,
wenn die Bestellrate BR gleich bleiben würde (natürlich
ändert sich der Lagerbestand, wenn Waren zufliessen und
als Folge davon auch die Bestellrate).

Geschlossene Systeme interessieren wegen der Art, wie sie
sich im Zeitverlauf verhalten. Als eine einfache Einführung in das dynamische (d.h. mit der Zeit variierende) Verhalten soll hier gezeigt werden, wie die oben beschriebene
Lagerbestandskontrollschleife eine bestehende Lagerbestandsdiskrepanz korrigiert.
Unterstellt sei ein gewünschter Lagerbestand von 6.000
Einheiten. Weiter wird angenommen, daß AZ gleich 5 Wochen
beträgt und die Zeit angibt, die bei irgend einer laufenden Bestellrate notwendig wäre, um den Lagerbestand auszugleichen. Durch Einsetzen der Werte in Gleichung 2.2-1

$$BR = \frac{1}{AZ} \; (GL - L)$$

erhält man:

$$BR = \frac{1}{5} \; (6.000 - L). \qquad GL. \; 2.2-2$$

BR = Bestellrate (Mengen/Woche)
L = Lagerbestand (Mengen)

Ist der Lageranfangsbestand bekannt, so kann die erste Bestellrate errechnet werden. In diesem Beispiel soll der
Lageranfangsbestand gleich 1.000 Mengeneinheiten betragen.
Wenn die Rate von 1.000 Mengeneinheiten per Woche für zwei
Wochen gleich bleibt, bevor die Bestellrate wieder berechnet wird, so werden 2.000 Mengeneinheiten zum Lagerbestand
hinzugekommen sein und diesen auf 3.000 Einheiten erhöht
haben. Wird dieser neue Wert des Lagerbestandes in Gleichung 2.2-2 eingesetzt, so ergibt sich eine neue Bestellrate von 600 Mengeneinheiten pro Woche. Lassen wir wieder
2 Wochen lang 600 Einheiten pro Woche dem Lager zufließen,

so wird der neue Lagerbestand am Ende der 4. Woche 4.200 Einheiten betragen. In kontinuierlicher Folge kann man nun Schritt für Schritt die aufeinanderfolgenden Werte der Bestellrate und des Lagerbestandes wie in Tabelle 2.2 berechnen. Die erste Spalte gibt die Anzahl der Wochen an, die seit dem Start vergangen sind.

(1)	(2)	(3)	(4)	(5)
	Lagerbestandsänderung	Lager	Lagerfehlbestand	Bestellrate
(Wochen)	(Einheiten)	(Einheiten)	(Einheiten)	(Einheiten/Woche)
TIME	LBAE	L	LFB	BR
E+00	E+00	E+00	E+00	E+00
.0	0.	1000.	5000.	1000.
2.	2000.	3000.	3000.	600.
4.	1200.	4200.	1800.	360.
6.	720.	4920.	1080.	216.
8.	432.	5352.	648.	130.
10.	259.	5611.	389.	78.
12.	156.	5767.	233.	47.
14.	93.	5860.	140.	28.
16.	56.	5916.	84.	17.
18.	34.	5950.	50.	10.
20.	20.	5970.	30.	6.
22.	12.	5982.	18.	4.
24.	7.	5989.	11.	2.

Tabelle 2.2:   Errechnen des Lagerbestandes

Der erste Wert in Spalte 3 (1.000 Mengeneinheiten) wurde als Ausgangswert des Systems vorgegeben. Solche Anfangswerte müssen für alle Zustandsvariablen - hier nur für den Lagerbestand - angegeben werden, damit das System eine Ausgangsbasis hat, von der es sich fortentwickeln kann.

Die vierte Spalte zeigt den Klammerausdruck (6.000 - L) in Gleichung 2.2-2 (Lagerfehlbestand LFB).
Die letzte Spalte gibt die Bestellrate BR an; ihre Werte betragen gemäß Gleichung 2.2-2 ein Fünftel der Werte von Spalte vier.
Die zweite Spalte repräsentiert die Lagerbestandsänderungen während der jeweils vorangegangenen letzten zwei Wochen und errechnet sich als Produkt aus der Bestellrate in Einheiten pro Woche, die der jeweils vorangegangenen Reihe der letzten Spalte zu entnehmen sind, und der Lö-

sungskonstanten, die hier zwei Wochen beträgt.
Der neue Lagerbestand in Spalte 3 errechnet sich aus dem letzten Lagerbestand und der Lagerbestandsänderung in Spalte 2. Die Lagerbestände aus Tabelle 2 und deren kontinuierliche Veränderung sind in Fig. 2. 2c graphisch dargestellt.

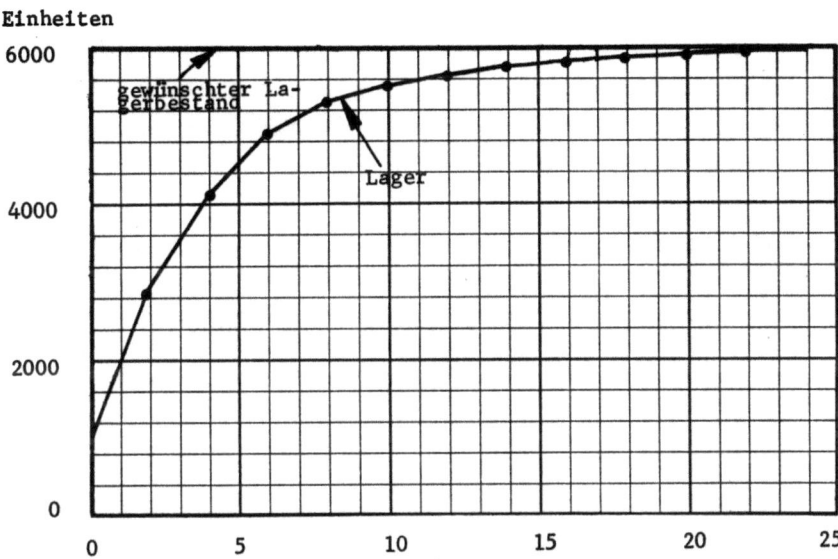

Fig. 2. 2c: Verhalten eines Systems erster Ordnung

Die Rate, mit der sich der Lagerbestand dem gewünschten Wert von 6.000 Mengeneinheiten nähert, ist proportional der Differenz zwischen dem gewünschten und dem aktuellen Lagerbestand (6.000 - L). Das bedeutet, daß die Anpassungsrate immer kleiner wird, wenn sich der Lagerfehlbestand verringert. In Tabelle 2.2 nimmt die Bestellrate ab, wenn sich der Lagerbestand dem Wert 6.000 nähert. Die in Fig. 2. 2c abgebildete zeitliche Entwicklung entspricht dem Verhaltenstyp, der durch die Kurve A in Fig. 2.1 veranschaulicht ist und zeigt die für negative Regelkreise erster Ordnung typische "exponentielle" Reaktion, auf die in diesem Abschnitt noch näher eingegangen wird.

Ein negativer Regelkreis ist eine Schleife, bei der die Kontrollentscheidung dazu dient, einen Systemzustand einem Wert, der als externes Ziel vorgegeben ist, anzupassen. In Fig. 2.2a ist das Ziel die Konstante GL, die den gewünschten Lagerbestand angibt. Der gewünschte Lagerbestand selbst wird nicht vom Regelkreis beeinflußt. Der Ausdruck "negativer" Regelkreis impliziert eine algebraische Vorzeichenumkehrung im Entscheidungsprozeß. Die Umkehrung ist aus Gleichung 2.2-1 zu ersehen, wo das negative Vorzeichen in Verbindung mit dem Lagerbestand anzeigt, daß die Bestellrate umso kleiner wird, je größer der Lagerbestand ist. Das Umkehren des Einflusses wird auch von den Kurven mit negativer Steigung in Fig. 2.2b verdeutlicht, wo ein steigender Lagerbestand eine fallende Bestellrate bewirkt.

(Aufgaben hierzu siehe Abschnitt 2.2 des Anhanges)

2.3 Der negative Regelkreis zweiter Ordnung

Ein System zweiter Ordnung hat zwei Zustandsvariable. Im vorhergehenden Abschnitt wurde ein System erster Ordnung (mit einer Zustandsvariablen, dem Lagerbestand) mit einer Reaktion gezeigt, die das System ohne Überschießen und Fluktuationen einem Endwert annähert. Nun wird eine zweite Statusvariable in den Regelkreis eingeführt, um zu veranschaulichen, wie ein Verhaltensmuster mit Oszillationen erzeugt werden kann.

Der in Fig. 2. 2a abgebildete Regelkreis wird nun zu diesem Zweck um ein Verzögerungsglied zwischen der Warenbestellung und der Warenlieferung erweitert. Fig. 2. 3a gleicht Fig. 2. 2a bis auf die Variablen "bestellte Ware" (BW) und "Lieferrate" (LR), die zusätzlich eingefügt wurden.

Die hier illustrierte Kombination der Statusvariablen, die die bestellten Waren BW angibt, mit der Flußvariablen, die die Lieferrate repräsentiert und den Warenstrom veranschaulicht, bewirkt den Effekt eines Verzögerungsgliedes zwischen der Bestellrate und der Lieferrate. Eine Erklärung und Rechtfertigung für die Wahl einer solchen Zusammenfassung zur Erzeugung einer Verzögerung soll in einem späteren Abschnitt erfolgen. Hier soll lediglich eine Systemreaktion beobachtet werden für den Fall, daß tatsächlich eine Verzögerung zwischen Bestell- und Lieferrate besteht.

Die Variable "bestellte Waren" hat den gleichen Charakter wie die Variable "Lagerbestand". Beide sind Zustandsvariable, die durch die Akkumulation von Zu- und Abflußraten zustande kommen. Die bestellten Waren zum Zeitpunkt t errechnen sich aus dem Stand zum Zeitpunkt t-1 plus den Zugängen durch die Bestellrate minus den Abgängen durch die Lieferrate während der abgelaufenen Periode.

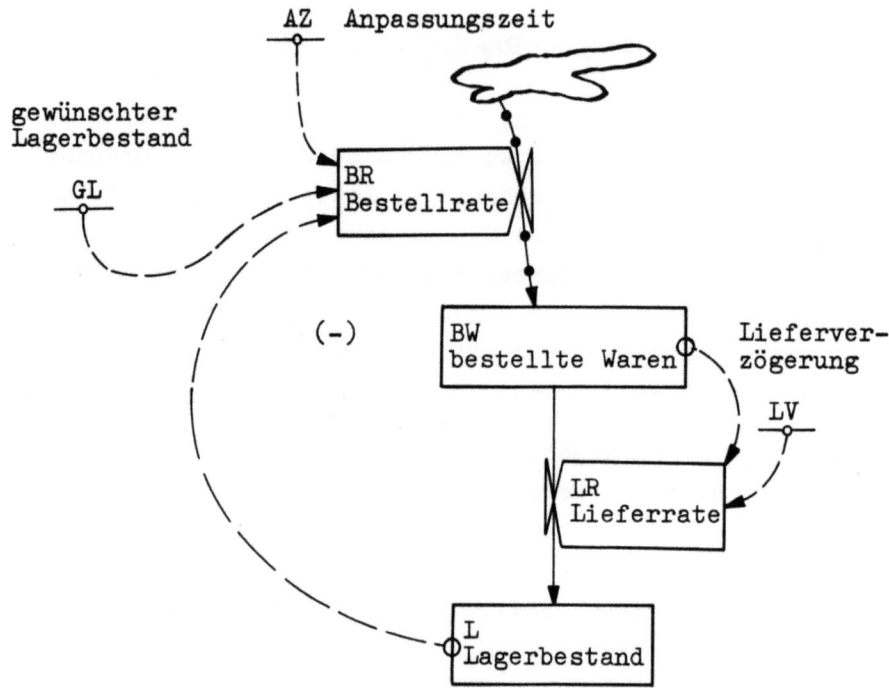

Fig. 2. 3a: negativer Regelkreis zweiter Ordnung

Um eine sog. "exponentielle" Verzögerung von LV Wochen zwischen der Bestellrate und der Lieferrate zu erzeugen, wird die Lieferrate durch die folgende Gleichung definiert:

$$LR = \frac{BW}{LV} \qquad GL. \ 2.3-1$$

LR = Lieferrate (Mengen/Woche)
BW = bestellte Waren (Mengen)
LV = Lieferverzögerung (Wochen)

Diese Gleichung bringt zum Ausdruck, daß jede Woche der Bruchteil 1/LV der bestellten Waren geliefert wird. Eine steigende Bestellrate führt zu einem größeren Bestand an bestellten Waren, was wiederum die Lieferraten erhöht. Sollten die Bestellungen eingestellt werden, so würde die Lieferrate den Bestand an bestellten Waren allmählich abbauen. Dies wiederum würde die Lieferrate ständig verkleinern. Die Gleichung ist in ihren Dimensionen richtig; jede Seite ist in Mengen per Woche gemessen.

In diesem Beispiel beträgt die Lieferverzögerung 10 Wochen. Wie schon im vorhergehenden Abschnitt bemerkt, ist für die Zustandsvariable "bestellte Waren" ein Anfangswert festzulegen. Das kann jeder willkürliche Betrag sein; hier soll er 10.000 Mengeneinheiten betragen. Bei diesem Ausgangswert an bestellten Waren ist die erste Lagerzugangsrate ebenfalls 1.000 Einheiten per Woche wie in dem in Abschnitt 2.2 diskutierten Beispiel. Alle anderen numerischen Werte sind dieselben wie in Abschnitt 2.2. Die beiden Ratengleichungen sind dann wie folgt definiert:

$$BR = \frac{1}{5}(6.000 - L) \qquad \text{GL. 2.3-2}^{1)}$$

BR = Bestellrate (Mengen/Woche)
L = Lager (Mengen)

$$LR = \frac{BW}{10} \qquad \text{GL. 2.3-3}$$

LR = Lieferrate (Mengen/Woche)
BW = bestellte Waren (Mengen)

Diese Gleichungen sind zusammen mit den Ausgangswerten für den Lagerbestand und die bestellten Waren hinreichend, um die Zahlen in Tabelle 2.3 zu errechnen. In der Tabelle sind die ersten Werte für den Lagerbestand und die bestellten Waren schon willkürlich ausgewählt. Die sechste Spalte zeigt die Differenz (6.000 - L), die den Lagerfehlbestand in Gleichung 2.3-2 darstellt; die Zahlen können aus dem Wert des Lagerbestandes in derselben Zeile errechnet werden.

---

[1] 2.3-2 entspricht GL. 2.2-2

(1)	(2)	(3)	(4)	(5)	(6)	(7)	(8)
	Lagerbe-standsän-derung	Lager	Veränderung bei den bestellten Waren	bestellte Waren	Lager-fehl-bestand	Bestell-rate	Liefer-rate
TIME	LBAE	L	VBW	BW	LFB	BR	LR
.00		1000.		10000.	5000.	1000.	1000.
2.00	2000.	3000.	0.	10000.	3000.	600.	1000.
4.00	2000.	5000.	-800.	9200.	1000.	200.	920.
6.00	1840.	6840.	-1440.	7760.	-840.	-168.	776.
8.00	1552.	8392.	-1888.	5872.	-2392.	-478.	587.
10.00	1174.	9566.	-2131.	3741.	-3566.	-713.	374.
12.00	748.	10315.	-2175.	1566.	-4315.	-863.	157.
14.00	313.	10628.	-2039.	-473.	-4628.	-926.	-47.
16.00	-95.	10533.	-1757.	-2229.	-4533.	-907.	-223.
18.00	-446.	10087.	-1367.	-3597.	-4087.	-817.	-360.
20.00	-719.	9368.	-916.	-4512.	-3368.	-674.	-451.
22.00	-902.	8465.	-445.	-4957.	-2465.	-493.	-496.
24.00	-991.	7474.	5.	-4952.	-1474.	-295.	-495.
26.00	-990.	6484.	401.	-4551.	-484.	-97.	-455.
28.00	-910.	5573.	717.	-3834.	427.	85.	-383.
30.00	-767.	4807.	937.	-2897.	1193.	239.	-290.
32.00	-579.	4227.	1057.	-1840.	1773.	355.	-184.
34.00	-368.	3859.	1077.	-763.	2141.	428.	-76.
36.00	-153.	3707.	1009.	246.	2293.	459.	25.
38.00	49.	3756.	868.	1114.	2244.	449.	111.
40.00	223.	3979.	675.	1789.	2021.	404.	179.
42.00	358.	4336.	451.	2240.	1664.	333.	224.
44.00	448.	4784.	217.	2457.	1216.	243.	246.
46.00	491.	5276.	-5.	2452.	724.	145.	245.
48.00	490.	5766.	-201.	2251.	234.	47.	225.
50.00	450.	6216.	-357.	1895.	-216.	-43.	189.
52.00	379.	6595.	-466.	1429.	-595.	-119.	143.
54.00	286.	6881.	-524.	905.	-881.	-176.	91.
56.00	181.	7062.	-533.	372.	-1062.	-212.	37.
58.00	74.	7137.	-499.	-128.	-1137.	-227.	-13.
60.00	-26.	7111.	-429.	-557.	-1111.	-222.	-56.
62.00	-111.	7000.	-333.	-890.	-1000.	-200.	-89.
64.00	-178.	6822.	-222.	-1112.	-822.	-164.	-111.
66.00	-222.	6599.	-106.	-1218.	-599.	-120.	-122.
68.00	-244.	6356.	4.	-1214.	-356.	-71.	-121.
70.00	-243.	6113.	101.	-1114.	-113.	-23.	-111.
72.00	-223.	5890.	178.	-936.	110.	22.	-94.
74.00	-187.	5703.	231.	-705.	297.	59.	-70.
76.00	-141.	5562.	260.	-445.	438.	88.	-45.
78.00	-89.	5473.	264.	-181.	527.	105.	-18.
80.00	-36.	5437.	247.	66.	563.	113.	7.
82.00	13.	5450.	212.	278.	550.	110.	28.
84.00	56.	5506.	164.	443.	494.	99.	44.
86.00	89.	5594.	109.	552.	406.	81.	55.
88.00	110.	5704.	52.	604.	296.	59.	60.
90.00	121.	5825.	-3.	601.	175.	35.	60.
92.00	120.	5945.	-50.	551.	55.	11.	55.
94.00	110.	6056.	-88.	463.	-56.	-11.	46.
96.00	93.	6148.	-115.	348.	-148.	-30.	35.
98.00	70.	6218.	-129.	219.	-218.	-44.	22.
100.00	44.	6261.	-131.	88.	-261.	-52.	9.

Tabelle 2.3: System zweiter Ordnung

Die Bestellrate ist jeweils ein Fünftel der Werte in Spalte 6.
Die letzte Spalte gibt die Lieferraten an, die nach Gleichung 2.3-3 ein Zehntel der bestellten Waren betragen. Damit ist die erste Zeile vollständig.

In der zweiten Zeile ergibt sich die Veränderung des Lagerbestandes (Spalte 2) als Produkt aus der Lieferrate der vorangegangenen Zeile und dem Lösungsintervall von zwei Wochen. Der neue Lagerbestand in Spalte 3 setzt sich aus dem alten Bestand und der Änderung zusammen.
Die Bestandsveränderung bei den bestellten Waren in Spalte 4 ist gleich der Differenz zwischen Bestellrate und Lieferrate der Vorperiode (d.h. zwischen Zugang und Abgang) multipliziert mit der Lösungskonstanten. (In Spalte 2 ist die Differenz gleich null, da BR und LR in Zeile 1 gleich sind).
Die bestellten Waren ergeben sich aus dem alten Bestand plus den Änderungen. In ähnlicher Weise kann die gesamte Tabelle Schritt für Schritt berechnet werden.
Der Leser sollte die Berechnungen solange durchführen, bis der Vorgang verständlich geworden ist.
Eine solche Zahlentabelle erlaubt jedoch noch kein klares Bild über die Beziehungen zwischen den Variablen. Wenn ein Schaubild soviel wert ist wie 1.000 Worte, dann sollte es auch 10.000 Zahlen wert sein. Um besser demonstrieren zu können, was sich in dem in Fig. 2. 3a abgebildeten System vollzieht, wurden die Variablen aus Tabelle 2.3 in Fig. 2. 3b graphisch dargestellt. Die Kurven gehören derselben Klasse an, wie die Kurve B in Fig. 2.1. Der Lagerbestand nähert sich jetzt nicht mehr allmählich seinem Endwert, wie in Fig. 2. 2c; stattdessen übersteigt er den gewünschten Lagerbestand in der vierten Woche und erreicht in der 18. Woche einen Maximalwert (Fig. 2. 3b). Waren werden dem Lieferanten zurückgeschickt, wie die Bestellrate, die etwa in der Mitte des Bildes unter den Wert null sinkt, zeigt. Die Bestellrate ist deshalb zwischen der

PAGE 2   FILE NR20   NEGATIVER REGELKREIS ZWEITER ORDNUNG   12/14/70

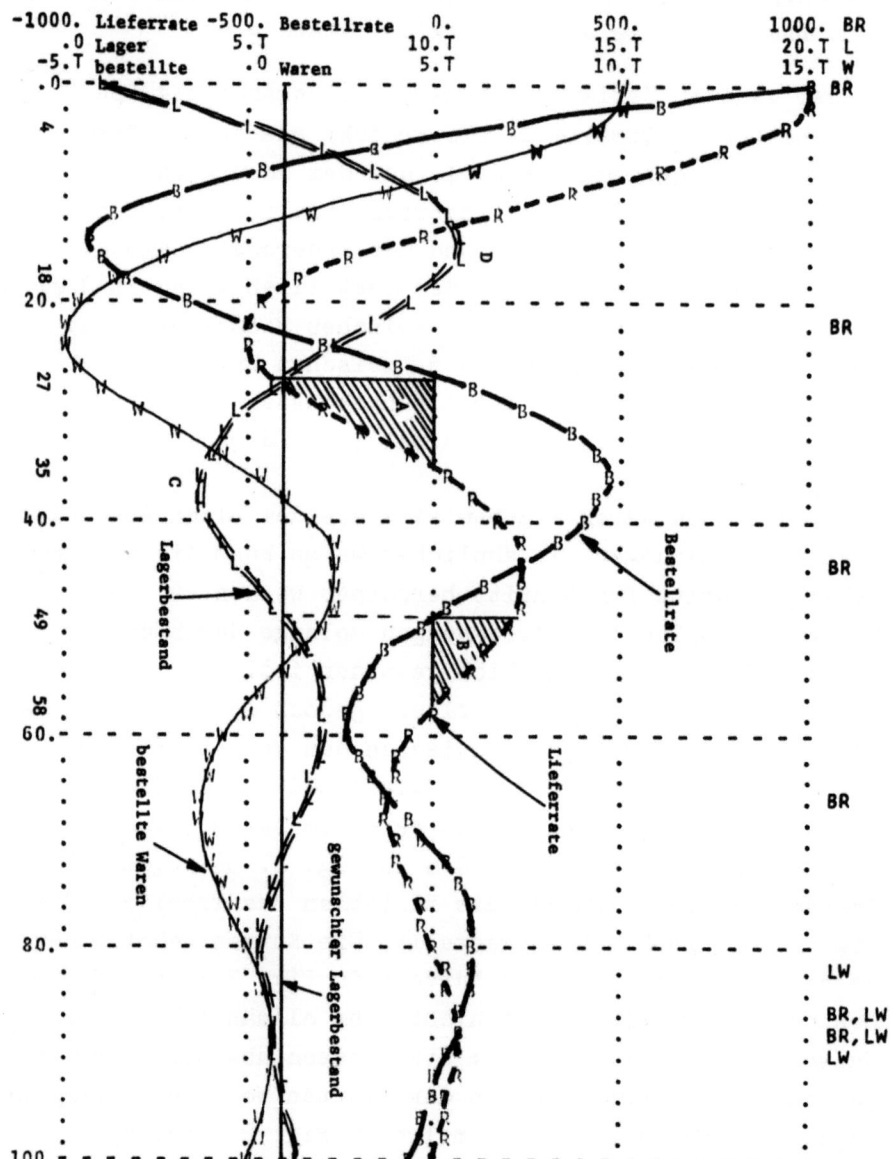

4. und der 27. Woche negativ. Es wurde jedoch zuviel zurückgeschickt, so daß der Lagerbestand wieder unter das gewünschte Niveau fällt. Die Fluktuationen setzen sich mit kleiner werdender Amplitude fort. Die Kurve gleicht der eines schwingenden Pendels, das allmählich zur Ruhe kommt. In der Tat könnte ein solches Pendel durch Gleichungen und Berechnungen dargestellt werden, die jenen annähernd identisch sind, die hier den Lagerbestand repräsentieren. Die beiden Statusvariablen für das Pendel wären die zwei Energiearten: die kinetische Energie, dargestellt durch die Geschwindigkeit des Pendels, und die potentielle Energie, veranschaulicht durch die Höhe des Pendels über seinem niedrigsten Punkt. Ein Pendel ist ebenfalls ein System zweiter Ordnung (mit zwei Zustandsvariablen).

Warum oszilliert das Lagerhaltungssystem wie in Fig. 2. 3b? Die Oszillationen traten erst nach Einführen des Verzögerungsgliedes, dargestellt durch die um die Variablen "bestellte Waren" und "Lieferrate" erweiterte Struktur, auf. Die graphische Darstellung zeigt, wie die Lieferrate im Verhältnis zur Bestellrate verzögert ist. Die Spitzen bei der Lieferrate liegen ungefähr 10 Wochen hinter den Spitzen der Bestellrate; dies entspricht dem Wert der Lieferverzögerung LV in den Gleichungen 2.3-1 und 2.3-3.

Das Einfügen einer Verzögerung zwischen der Bestell- und der Lieferrate bewirkt, daß der Lagerbestand langsamer reagiert als zuvor. In der Abbildung hat der Lagerbestand das gewünschte Niveau nach 27 Wochen erreicht und entsprechend der Gleichung 2.3-2 ist die Bestellrate hier Null (siehe die 0-Achse in der Mitte der Graphik). Dennoch ist die Lieferrate weiterhin negativ und erreicht den Wert Null nicht vor der 35. Periode. Das gestrichelte Feld A zwischen der Lieferrate und der 0-Achse repräsentiert die Waren, die dem Lager durch die Lieferrate entnommen werden, nachdem der Lagerbestand den gewünschten Stand von 6.000 Einheiten erreicht hatte. Das Vorhandensein von Feld

A ist der Grund dafür, daß das Lager weiter unter das gewünschte Niveau bis zum Punkt C in der 35. Woche fällt.

Während der Lagerbestand zwischen der 27. und 35. Woche sinkt, steigt die Bestellrate und bewirkt nach einer Verzögerung eine positive Lieferrate zwischen der 35. und 58. Woche. Das Feld B ist die Umkehrung von Feld A, wobei die Lieferrate den Lagerbestand weiterhin anwachsen läßt, selbst nachdem der Lagerbestand die gewünschte Höhe in der 49. Woche wieder erreicht hat.
Das System tendiert dahin, den Fehler bei der Suche nach dem gewünschten Lagerbestand zu stark zu korrigieren.

Betrachten wir nun die zeitliche Beziehung zwischen der Lieferrate und dem Lagerbestand. Die Höhe der Lieferrate bestimmt die Steigung der Lagerbestandskurve; die Kurve ist am steilsten, wenn die Lieferrate ein Maximum erreicht hat. Die Lagerbestandskurve ändert sich nicht, wenn die Lieferrate null ist; die Steigung der Lagerbestandskurve in den Extremwerten C, D und E ist gleich null.
Der Leser sollte die Gleichungen, die Werte der Tabelle 2.3 und die Kurven in Fig. 2. 3b so lange prüfen, bis er Klarheit über die Ursachen der bei den einzelnen Variablen auftretenden Fluktuationen hat.

2.4 Der positive Regelkreis

Ein positiver Regelkreis strebt nicht einem externen Ziel zu, wie dies ein negativer Regelkreis tut. Stattdessen bewegen sich die Größen im positiven Regelkreis vom Ziel oder vom Ausgangspunkt weg. Der positive Regelkreis hat keine Vorzeichenumkehrung, wenn die einzelnen Stationen in der Schleife durchlaufen werden, wie dies beim negativen Regelkreis der Fall ist. Die Aktivität innerhalb der positiven Schleife vergrößert die Diskrepanz zwischen dem Systemzustand und dem "Ziel" oder dem Bezugspunkt. Das Diagramm der einfachsten positiven

Schleife ist auf den ersten Blick, wie Fig. 2. 4a zeigt, der negativen Schleife in Fig. 2. 2a sehr ähnlich. Der Unterschied zeigt sich jedoch in der Art des Entscheidungsprozesses.

Fig. 2. 4a stellt dar, wie Verkaufsanstrengungen verstärkt werden. Es sei angenommen, daß neue Verkäufer eingestellt und von den erfahrenen Verkäufern ausgebildet werden. Je größer die Verkaufsanstrengungen sind, je mehr Personal wird eingestellt. Die Einstellrate hängt direkt von der Anzahl der Verkäufer ab.

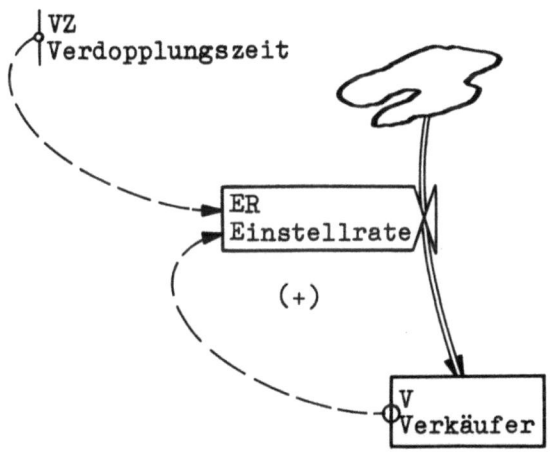

Fig. 2. 4a: positiver Regelkreis

In ähnlicher Weise wie Fig. 2. 2b zeigt Fig. 2. 4b mögliche Beziehungen zwischen der Einstellrate und der Anzahl der Verkäufer. Alternative A sieht eine hohe Einstellrate, bezogen auf jeden schon tätigen Verkäufer, vor. Alternative B dagegen repräsentiert eine niedrigere Einstellrate. Kurve C zeigt eine nichtlineare Beziehung; die Einstellrate steigt mit der Anzahl der Verkäufer und nähert sich allmählich einem Maximum, was zum Ausdruck bringt, daß die Effizienz per Verkäufer bei einer großen Gruppe sinkt. Zu beachten ist, daß alle Kurven in Fig. 2.4b eine positive Steigung besitzen; die Kurven in Fig. 2. 2b haben negative Steigungen. Die Steigung besagt hier einfach, daß mehr Verkäufer eine größere Einstellrate bewirken, die wiederum zu einem Anwachsen der Anzahl der Verkäufer führt. In diesem System - ohne Vorhandensein irgendeiner Begrenzung - würde sich die Anzahl der Verkäufer mit einer ständig steigenden Rate vergrößern.

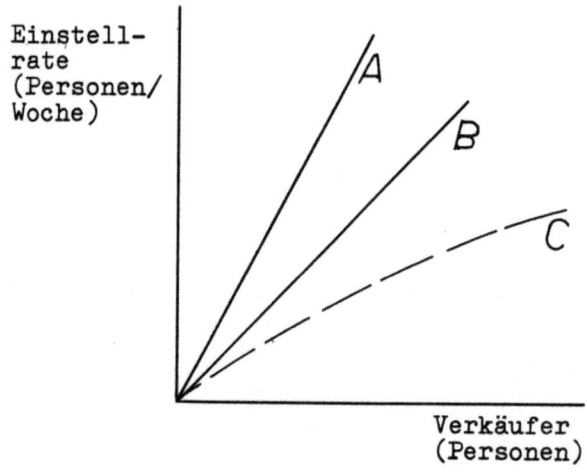

Fig. 2. 4b: Einstellrate in Abhängigkeit von der Anzahl der Verkäufer

Lineare Beziehungen, wie die Geraden A und B, lassen sich mit der folgenden Ratengleichung beschreiben:

$$ER = \frac{1}{VZ} (V) \qquad \text{GL. 2.4-1}$$

ER = Einstellrate (Personen/Woche)
VZ = Verdopplungszeit (Wochen)
V = Verkäufer (Personen)

Die Gleichung bringt zum Ausdruck, daß die pro Woche neu eingestellten Verkäufer gleich 1/VZ der gegenwärtigen

Verkäuferzahl ausmachen. Wenn die Einstellrate konstant wäre (sie ist es nicht, da die Anzahl der Verkäufer steigt), würde es genau VZ Wochen dauern, um so viele Verkäufer einzustellen, wie im Augenblick vorhanden sind, d.h., bei der gegenwärtigen Einstellrate würde sich die Anzahl der im Betrachtungszeitpunkt vorhandenen Verkäufer in VZ Wochen verdoppeln. Der Ausdruck 1/VZ hat die Dimensionen einzustellende Personen per Woche pro vorhandene Person:

$$\frac{\text{Personen/Woche}}{\text{Person}} = \frac{1}{\text{Woche}}$$

Die Verdopplungszeit VZ entspricht der Anzahl der Wochen, in denen ein schon tätiger Verkäufer einen anderen neu eingestellten ausbildet.

Eine Gegenüberstellung von Gleichung 2.4-1 und Gleichung 2.2-1 zeigt folgendes:

Im negativen Regelkreis geht die Variable L mit einem negativen Vorzeichen in die Gleichung ein. Hier im positiven Regelkreis erscheint die Variable V mit einem positiven Vorzeichen. Die negative Schleife in Gleichung 2.2-1 enthält das Systemziel GL, das den gewünschten Lagerbestand angibt. Die positive Schleife hat einen korrespondierenden Bezugspunkt, von dem aus sich die Anzahl der Verkäufer entwickelt; hier im Beispiel ist er null.

Um das Verhalten dieses positiven Regelkreises über die Zeit zu errechnen, sind zunächst Werte für die Parameter (hier VZ) und Ausgangsgrößen für die Zustandsvariablen (hier die ursprüngliche Anzahl der Verkäufer) erforderlich. Es sei angenommen, daß ein Verkäufer 50 Wochen benötigt, um einen zweiten Verkäufer zu finden und auszubilden, und daß mit einem Stamm von 6 Verkäufern begonnen wird. Es ist also:

VZ = 50 Wochen
V = 6 Verkäufer, Ausgangsgröße

Gleichung 2.4-1 wird dann zu:

$$ER = \frac{1}{50} (V) \qquad GL. \; 2.4\text{-}2$$

ER = Einstellrate (Personen/Woche)
V = Verkäufer (Personen)

Tabelle 2.4 zeigt die Entwicklung des Systems, in dem Verkäufer andere Verkäufer ausbilden, die wiederum mehr Verkäufer ausbilden. Verfolgen wir die Entwicklung der Zahlen:
Der Anfangswert von 6 Verkäufern ergibt, gemäß Gleichung 2.4-2, eine Einstellrate von 0.12 Verkäufern per Woche oder einen Verkäufer in ungefähr 8 Wochen (1. Zeile, 4. Spalte). Die Veränderung der Verkäuferzahl (2. Zeile, 2. Spalte) entspricht der Einstellrate der vorangegangenen Zeile multipliziert mit dem Lösungsschritt von 20 Wochen und ist gleich 2.4. Diese 2.4 neuen Verkäufer werden zum Anfangswert 6 addiert. Daraus ergibt sich der aktuelle Bestand von 8.4 Verkäufern am Ende der 20. Woche (3. Spalte). In ähnlicher Weise können die restlichen Zeilen der Tabelle schrittweise errechnet werden. Für den Leser empfiehlt es sich, die Rechnung solange durchzuführen, bis der Vorgang klar geworden ist.

(1)	(2)	(3)	(4)
	Veränderung des Verkäuferbestandes	Verkäufer	Einstellrate
	(Personen)	(Personen)	(Personen/ Woche)
TIME E+00	VAE E+00	V E+00	ER E+00
.0	2.40	6.00	.120
20.	2.40	8.40	.168
40.	3.36	11.76	.235
60.	4.70	16.46	.329
80.	6.59	23.05	.461
100.	9.22	32.27	.645
120.	12.91	45.18	.904
140.	18.07	63.25	1.265
160.	25.30	88.55	1.771
180.	35.42	123.97	2.479
200.	49.59	173.55	3.471
220.	69.42	242.97	4.859
240.	97.19	340.16	6.803
260.	136.07	476.23	9.525
280.	190.49	666.72	13.334
300.	266.69	933.41	18.668

Tabelle 2.4:   positiver Regelkreis

Besser als aus dieser Tabelle ist das exponentielle Wachstum aus Fig. 2. 4c zu ersehen. Das Verhalten entspricht dem von Kurve C in Fig. 2.1. Diesen Kurvenverlauf kann man bei der Explosion des Weltbevölkerungswachstums oder am Wachstum des technischen Wissens beobachten. In einem solchen Prozeß bestimmt der Zustand, bis zu dem das System gewachsen ist, jeweils die weitere Expansionsrate. Je größer der Zustand ist, desto stärker wächst er. Dieser Vorgang dauert solange an, bis ein Ereignis eintritt, das zu einer Veränderung der Parameter im Regelkreis führt.

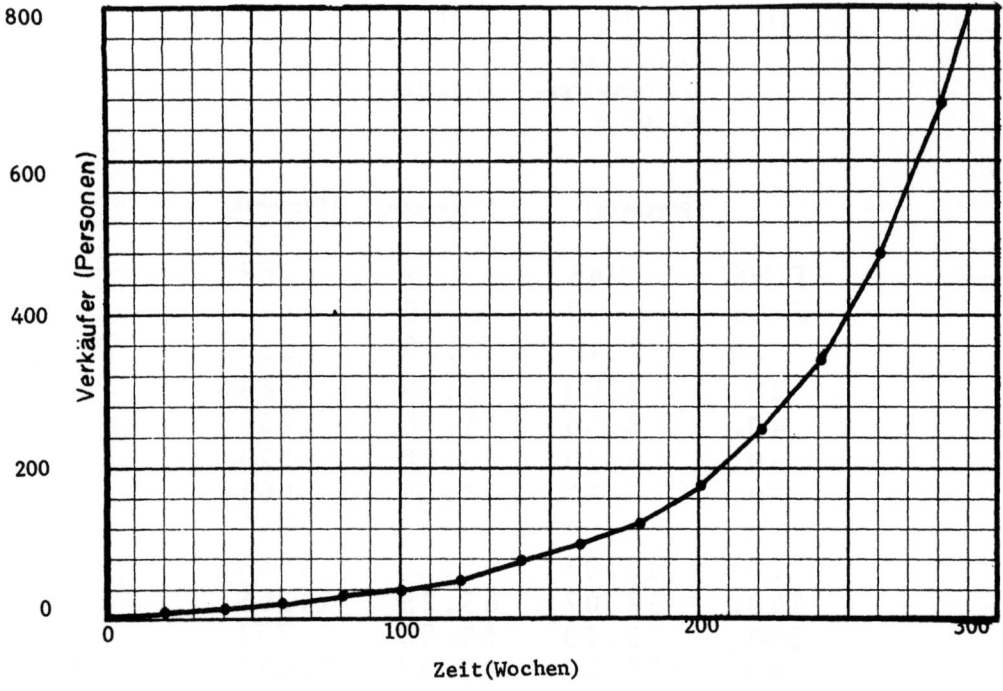

Fig. 2. 4c: positiver Regelkreis

2.5 Gekoppelte nichtlineare Regelkreise

(Anmerkung für den Leser: Dieser Abschnitt mag zu lang erscheinen und an dieser Stelle des Buches noch nicht angebracht sein. Aber er hat seinen guten Grund. Er gibt einen vorläufigen Überblick über mehr komplexe Interaktionen in einem System und dient als Grundlage für einfacheres Einführungsmaterial, das in späteren Abschnitten behandelt wird).

Wachstumsprozesse zeigen eine positive Rückkopplung. Aber exponentielles Wachstum allein würde überwältigende Ausmaße annehmen, wenn es unkontrolliert bliebe. In der positiven Rückkopplung einer chemischen Explosion wird der Brennstoff entweder verbraucht oder die Explosion zerstört

das System, so daß der Prozeß zum Erliegen kommt. Beim biologischen Wachstum ändern die Folgen des Wachstums die zukünftige Wachstumsrate.
Betrachten wir die Vermehrung eines Tierbestandes, der seine Anzahl alle sechs Monate verdoppeln kann. Wenn ein Tierpaar einen Quadratfuß in Besitz nimmt, dann hält die Bevölkerung am Ende des sechsten Monats zwei Quadratfuß und nach einem Jahr vier Quadratfuß. In 7 Jahren leben die Tiere immer noch auf einem Hektar Land. Aber in 80 Jahren bedecken sie schon ein sechstel der Erdoberfläche, in einem weiteren Jahr ein viertel und nach 82 Jahren die gesamte Erdoberfläche - unter der Voraussetzung, daß die ursprüngliche Vermehrungsrate beibehalten würde. Das Wachstum interagiert jedoch mit Teilen des Umweltsystems, das den Wachstumsprozeß modifiziert. Wachstum bis zu einer Obergrenze wird z.B. durch Kurve D in Fig. 2.1 veranschaulicht.

Ein solches begrenztes Wachstum ist oft bei der Einführung eines neuen Produktes zu beobachten. In der Einführungsphase ist das Produkt erfolgreich; die Umsätze bringen Gewinne, die ein Forcieren der Verkaufsanstrengungen erlauben, die wiederum in der Regel zu mehr Gewinnen führen. Aber zur gleichen Zeit nehmen die Verkaufsschwierigkeiten zu; der Markt wird gesättigt oder die leicht erzielten Anfangserfolge veranlassen den Anbieter, weniger sorgfältig zu werden und die Qualität zu vernachlässigen oder die Produktionskapazität für die Fertigung des Produktes wird überlastet.

Umsatzwachstum, das eventuell durch überbeschäftigte Fertigungsanlagen gebremst wird, lässt sich durch ein System von Beziehungen charakterisieren, so wie es in Fig. 2.5a abgebildet ist. Die linke Schleife kontrolliert die Anzahl der Verkäufer und ist eine Erweiterung der positiven Schleife in Fig. 2.4a. Die rechte Schleife ist ein negativer Regelkreis zweiter Ordnung und gleicht der in Fig. 2.3a gezeigten Rückkopplungsschleife. Hier in Fig.

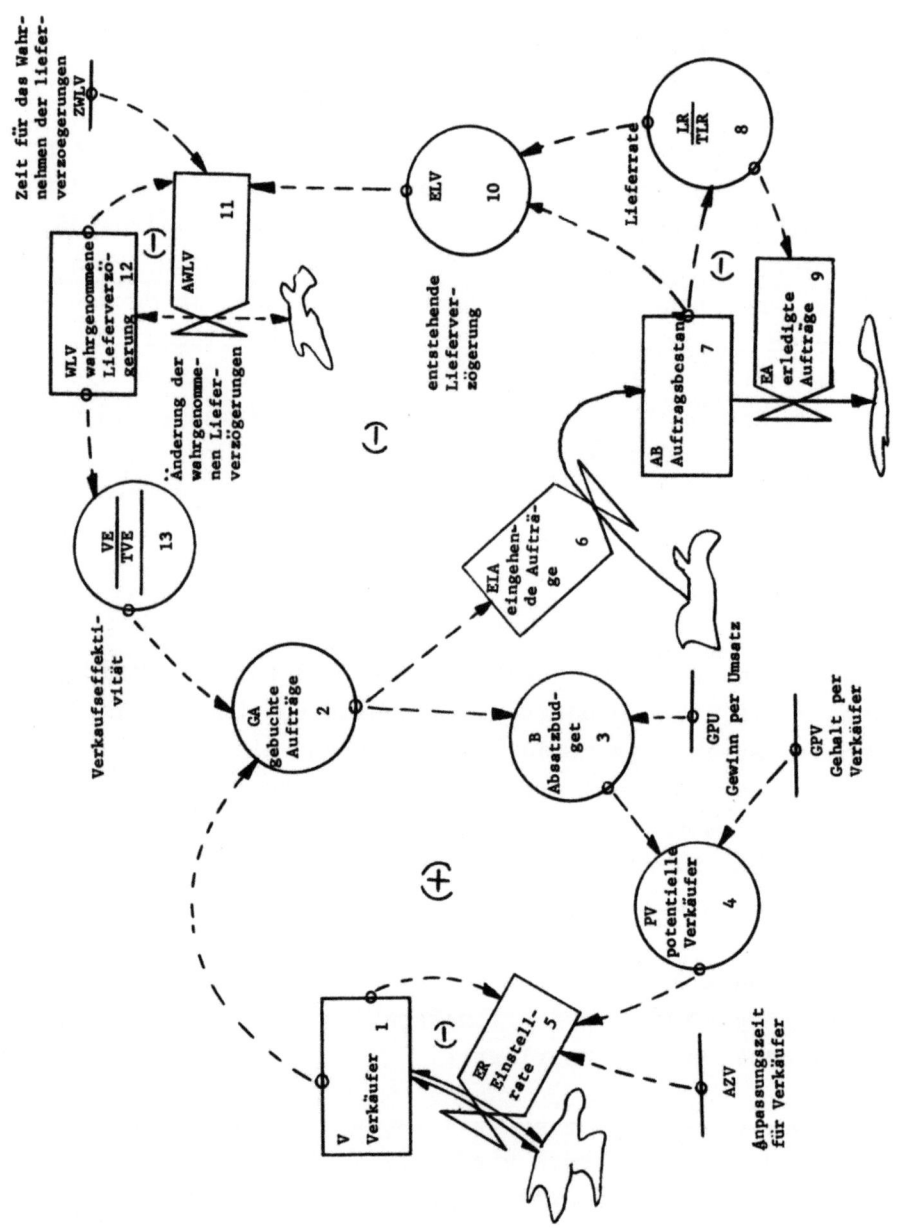

Fig. 2. 5a: Umsatz, Wachstum und Sättigung

2. 5a sind die beiden Zustände in der großen negativen
Schleife der Auftragsbestand und die wahrgenommene Lieferverzögerung. Innerhalb der beiden Schleifen existieren untergeordnete negative Regelkreise erster Ordnung, die die
einfache Struktur von Fig. 2. 2a besitzen.

Das gesamte System besteht aus fünf Rückkopplungsschleifen
- einem großen positiven, einem großen negativen und drei
kleinen negativen Regelkreisen. In Fig. 2. 5a beziehen
sich die Zahlen in den Symbolen auf die Gleichungsnummern
auf den folgenden Seiten.

Der positive Regelkreis

Im positiven Regelkreis buchen die Verkäufer Aufträge; ein
Anteil der Umsatzeinnahmen AUE, die aus den Aufträgen herrühren, wird für ein Budget zur Deckung der Ausgaben für
die Verkäufer (hier kurz Absatzbudget genannt) abgezweigt.
Die "potentiellen" Verkäufer PV sind die Verkäufer, die
aus dem Absatzbudget bezahlt werden können. Verkäufer werden eingestellt (oder entlassen), um die Anzahl der beschäftigten Verkäufer V der Anzahl der potentiellen Verkäufer
anzupassen. Wenn die Verkäufer mehr Umsätze tätigen als für
das Begleichen ihrer Ausgaben notwendig ist, können die
Verkaufsanstrengungen verstärkt werden. Die Verkäufer schaffen Einnahmen, die es erlauben, mehr Verkäufer einzustellen.
Die Gleichungen für die einzelnen Schritte rund um die
Schleife können nun formuliert werden, um - in symbolischer
Form - festzuhalten, was schon verbal beschrieben wurde.

Die Anzahl der Verkäufer zum gegenwärtigen Zeitpunkt ist
gleich der in der Vorperiode berechneten Anzahl plus den
Personalveränderungen während der Berechnungsperiode. Die
Veränderung der Anzahl der Verkäufer kann als Produkt aus
der Anzahl der eingestellten Verkäufer und der Zeit, die
seit der letzten Bestandsaufnahme vergangen ist, errechnet
werden. Die Gleichung für die Verkäuferanzahl kann wie

folgt definiert werden:

$$V_t = V_{t-1} + (\text{Lösungsintervall})(ER) \qquad \text{GL. 2.5-1}$$

V = Verkäufer (Personen)
Lösungsintervall = Zeit zwischen zwei aufeinander-
 folgenden Rechenschritten (Monate)
ER = Einstellrate (Personen/Monate)

Die gebuchten Aufträge hängen von der Anzahl der Verkäufer und von der Verkaufseffektivität ab. Letztere ist definiert als verkaufte Produkteinheit per Monat und per Verkäufer.

$$GA = (V)(VE) \qquad \text{GL. 2.5-2}$$

GA = gebuchte Aufträge (Einheiten/Monat)
V = Verkäufer (Personen)
VE = Verkaufseffektivität (Einheiten/Person-Monat)

In dieser Gleichung ist die Verkaufseffektivität eine Variable, deren Werte mit der Zeit, die ein Kunde auf das bestellte Produkt warten muß, variieren. Wenn das Produkt zur umgehenden Lieferung verfügbar ist, dann hat ein Verkäufer leichte Arbeit und kann pro Monat mehr verkaufen als in dem Falle, wenn der Kunde lange auf die Lieferung warten muß.

Das Absatzbudget für die monatlich von den Verkäufern verursachten Ausgaben errechnet sich aus den gebuchten Aufträgen und dem Gewinn pro abgesetzte Einheit (GPU). In diesem Beispiel soll GPU gleich 10 DM betragen.

$$B = (GA)(GPU) \qquad \text{GL. 2.5-3}$$
$$GPU = 10$$

B = Absatzbudget (DM/Monat)
GA = gebuchte Aufträge (Einheiten/Monat)
GPU = Gewinn pro Umsatzeinheit (DM/Einheit)

Die Anzahl der potentiellen Verkäufer PV ergibt sich aus
der Division des monatlichen Absatzbudgets und der monatlichen Ausgaben per Verkäufer, die 2.000 DM je Mann und
Monat betragen. Die Anzahl der potentiellen Verkäufer ist
diejenige, die entsprechend den gebuchten Aufträgen beschäftigt werden kann.

$$PV = \frac{B}{GPV} \qquad \text{GL. 2.5-4}$$

$$GPV = 2.000$$

PV = potentielle Verkäufer (Personen)
B = Absatzbudget (DM/Monat)
GPV = Gehalt per Verkäufer (DM/Person-Monat)

Die Einstellrate paßt die aktuelle Anzahl der Verkäufer V
der potentiellen Anzahl PV an. Verkäufer und Einstellrate
bilden zusammen einen kleinen negativen Regelkreis, der
der Lagerhaltungsschleife in Fig. 2. 2a sehr ähnlich ist.
In Fig. 2. 2a war es die Bestellrate, die das Lager dem
gewünschten Bestand angepaßt hat. In Fig. 2. 5a gleicht
die Einstellrate ER die Anzahl der aktuellen Verkäufer der
potentiellen Anzahl, die nach dem Absatzbudget bezahlt
werden kann, an. Die Form der Gleichung für ER kann dieselbe sein, wie die Gleichung 2.2-1 für BR. Die Anpassungszeit, die für das Verändern der Verkäuferzahl notwendig
ist, soll 20 Monate betragen, was bedeutet, daß 1/20 des
Verkäuferfehlbestandes pro Monat korrigiert wird. In Gleichung 2.2-1 war das gewünschte Lagerziel eine Konstante,
die extern vorgegeben wurde. Hier in Gleichung 2.5-5
liegt das Ziel PV (potentielle Verkäufer) zwar auch außerhalb der negativen Schleife, es ist jedoch eine Variable,
die von der positiven Schleife generiert wird. Es ist zu
beachten, daß es die Differenz zwischen den potentiellen
Verkäufern PV und den aktuellen Verkäufern V ist, die den
Anlaß für Neueinstellungen gibt. Die Einstellrate paßt die

Absatzkapazität dem geplanten Niveau an.

$$ER = \frac{1}{AZV} \; (PV - V) \qquad \text{GL. 2.5-5}$$

$$AZV = 20 \qquad \text{GL. 2.5-5.1}$$

ER = Einstellrate (Personen/Monate)
AZV = Anpassungszeit für Verkäufer (Monate)
PV = potentielle Verkäufer (Personen)
V = Verkäufer (Personen)

Der negative Regelkreis

In dem großen negativen Regelkreis auf der rechten Seite von Fig. 2.5a sind die eingehenden Aufträge EIA gleich den gebuchten Aufträgen GA. Die eingehenden Aufträge erhöhen den Auftragsbestand AB, der durch die erledigten Aufträge EA verringert wird. Der Quotient von Auftragsbestand und Lieferrate gibt die Lieferverzögerung an, die hier "entstehende Lieferverzögerung" genannt ist, da sie von den Kunden noch nicht wahrgenommen worden sein muß und so die Absatzentwicklung u.U. noch nicht beeinflußt hat. Diese Unterscheidung zwischen entstehender und wahrgenommener Lieferverzögerung entspricht der Diskrepanz zwischen beobachtetem und tatsächlichem Zustand, die in Abschnitt 1.4 diskutiert wurde. Bis der Markt die Lieferverzögerung WLV wahrnimmt, verstreicht eine Zeit von ZWLV Monaten. Die Verkaufseffektivität VE ist eine Funktion der wahrgenommenen Lieferverzögerungen WLV; kurze Lieferfristen erleichtern den Verkauf, längere Lieferzeiten dagegen erschweren den Absatz des Produktes.

Die Lieferrate LR hängt vom Auftragsbestand ab. In dieser Beziehung erscheint die Produktionskapazität implizit als limitierender Faktor der Lieferrate.

Der negative Regelkreis tendiert in seiner Gesamtheit zu

einem Ausgleich zwischen der Rate der gebuchten Aufträge
GA und der maximalen Lieferrate (sie ist durch die Produktionskapazität bestimmt), wenn immer die Verkaufsaktivität
groß genug ist, um die Produktionskapazität voll auszunutzen. Übersteigt die Rate der gebuchten Aufträge GA die
maximale Lieferrate, so wird der Auftragsbestand anwachsen. Ein größer werdender Auftragsbestand läßt längere
Lieferfristen ELV entstehen. Nach einer bestimmten Zeit
werden auch die wahrgenommenen Lieferfristen länger und
verursachen ein Sinken der Verkaufseffektivität. Dies wiederum hat zur Folge, daß die gebuchten Aufträge zurückgehen und sich der Lieferrate angleichen. Liegen die gebuchten Aufträge jedoch unter der Lieferrate, so wird der
entgegengesetzte Mechanismus für ein Anwachsen der gebuchten Aufträge sorgen. Die hier gegebene verbale Beschreibung
kann nun in erklärende Symbole und Gleichungen transformiert werden, um so eine klarere und geschlossenere Einsicht von den Systembeziehungen zu bekommen.

Die Rate der in den Auftragsbestand eingehenden Aufträge
wird hier den gebuchten Aufträgen gleichgesetzt, was bedeutet, daß zwischen ihnen keine Verzögerung besteht.

$$GA = EIA \qquad\qquad GL. \ 2.5\text{-}6$$

GA = gebuchte Aufträge (Einheiten/Monate)
EIA = eingehende Aufträge (Einheiten/Monate)

Der Auftragsbestand ist ein Systemzustand, der die Nettoakkumulation zwischen den eingehenden und den erledigten
Aufträgen wiedergibt. Ähnlich wie die Anzahl der Verkäufer in Gleichung 2.5-1 errechnet sich der Auftragsbestand
aus dem Betrag der Vorperiode und der Änderung während
der abgelaufenen Periode. Das Lösungsintervall (die Zeitdifferenz) wird durch die Abkürzung DT wiedergegeben.

$$AB_t = AB_{t-1} + (DT)(EIA_{t-1 \text{ bis } t} - EA_{t-1 \text{ bis } t})$$

GL. 2.5-7

AB = Auftragsbestand (Einheiten)
DT = Lösungsintervall zwischen zwei aufeinander folgenden Rechenschritten (Monate)
EIA = eingehende Aufträge (Einheiten/Monate)
EA = erledigte Aufträge (Einheiten/Monate)

Das System in diesem Beispiel wurde stark vereinfacht. Es enthält keine Lager; es handelt sich also um Auftragsproduktion. Selbst wenn die Produktionskapazität nicht ausgelastet ist, würde jeder Auftrag mit einer Verzögerung, die durch die Abwicklung des Auftrages (Produktionszeit) bedingt ist, zum Versand kommen. Das Diagramm (Fig. 2. 5b) zeigt, daß die Lieferrate LR vom Auftragsbestand abhängt. Die Frage ist hier:
Gibt es eine Beziehung zwischen dem Auftragsbestand und der Lieferrate, die eine konstante Fertigungszeit bewirkt, wenn die Nachfrage kleiner ist als die Produktionskapazität, und die die Lieferrate der Kapazität angleicht, wenn die Aufträge die maximale Kapazität übersteigen?

Betrachten wir zunächst das Verhalten bei Unterbeschäftigung. Die normale Produktionsdauer sei mit zwei Monaten angenommen. Für den Fall, daß die gebuchten Aufträge und die Lieferrate konstant und gleich geblieben sind, soll der Auftragsbestand gleich dem Produkt aus Lieferrate und Fertigungszeit sein. Wenn der Auftragsbestand zum Beispiel 10.000 beträgt, so müßte die monatliche Lieferrate gleich 5.000 Einheiten sein, damit in zwei Monaten alle Aufträge abgewickelt werden können. Ein Auftragsbestand von 20.000 Einheiten würde eine monatliche Lieferrate von 10.000 Einheiten erfordern, um dieselbe Lieferzeit von zwei Monaten einzuhalten.

Auftragsbestand = (Lieferrate)(Lieferzeit)

oder

Lieferrate = $\dfrac{\text{Auftragsbestand}}{\text{Lieferzeit}}$

Das bedeutet, daß die Lieferrate bei konstanter Lieferzeit proportional dem Auftragsbestand sein müßte, wie der lineare Kurvenabschnitt in Fig. 2. 5b zeigt. Sobald aber die Lieferrate beginnt, sich der maximalen Produktionskapazität zu nähern, wird es schwierig, die Arbeitsproduktivität - selbst an der einzelnen Maschine - zu steigern, und es entstehen Kapazitätsengpässe. Die Lieferrate wächst jetzt nicht mehr proportional zum Auftragsbestand; wenn die maximale Kapazität erreicht ist, so werden weitere zusätzliche Aufträge nicht zu einer größeren Produktion führen. Größere Produktion ist nur bei einer Kapazitätsexpansion und bei einer Erweiterung des Personalbestandes mög-

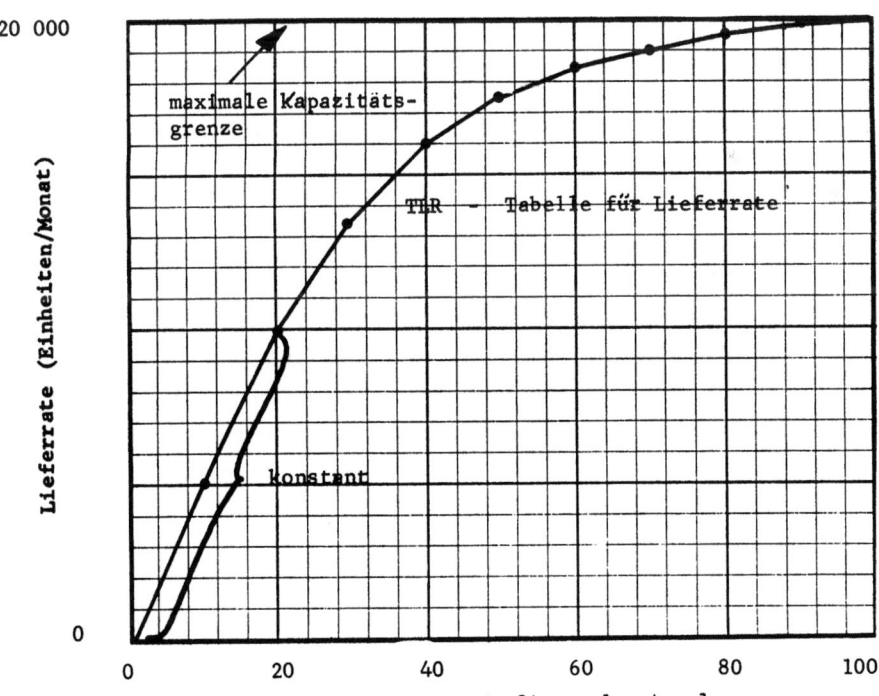

Fig. 2. 5b: Lieferrate (Tausend-Einheiten)

lich. Wenn die Vollbeschäftigung erreicht ist, so wird eine
- verglichen mit der Lieferrate - größere Rate der gebuchten Aufträge nur ein Anwachsen des Auftragsbestandes verursachen und nicht zu einer höheren Lieferrate führen. Die Lieferrate wird nun durch die in Fig. 2.5b abgebildete Funktion wiedergegeben; die Werte wurden einer Tabelle entnommen. In späteren Abschnitten werden die Computersymbole zur Spezifikation einer solchen Tabellenfunktion erklärt.

$$LR = TABLE \text{ (Fig. 2.5b für LR versus AB)} \qquad GL.\ 2.5\text{-}8$$

LR = Lieferrate (Einheiten/Monat)
AB = Auftragsbestand (Einheiten)

Das Versenden der Waren LR verursacht einen korrespondierenden Abbau des Auftragsbestandes.

Es ist also:

$$EA = LR \qquad GL.\ 2.5\text{-}9$$

EA = erledigte Aufträge (Einheiten/Monat)
LR = Lieferrate (Einheiten)

Wie schon oben diskutiert, bestimmen der Auftragsbestand, die Mindestzeit zur Abwicklung eines Auftrages und die maximale Produktionskapazität die Lieferrate. Die entstehende Lieferverzögerung läßt sich aus dem Auftragsbestand und aus der Lieferrate errechnen. Die Lieferfrist ist der Quotient aus Auftragsbestand und Lieferrate und gibt die Zeit an, die bei der gegenwärtigen Lieferrate erforderlich ist, um alle Aufträge abzuwickeln:

$$ELV = \frac{AB}{LR} \qquad GL.\ 2.5\text{-}10$$

ELV = entstehende Lieferverzögerung (Monate)
AB = Auftragsbestand (Einheiten)
LR = Lieferrate (Einheiten/Monat)

Die wahre Lieferfrist jedoch, die aus dem Auftragsbestand und der Lieferrate hervorgeht, ist den Kunden im allgemeinen nicht bekannt. Selbst wenn der Kunde die Liefergewohnheiten seines Vertragspartners kennt, dauert es gewöhnlich eine gewisse Zeit, bis er seine Bestellpolitik einer neuen Situation angepaßt hat. Deshalb besteht zwischen der Lieferverzögerung im Betrieb und ihrer Auswirkung auf das Kaufverhalten eine Zeitdifferenz oder eine Verzögerung.

Die wahrgenommene Lieferverzögerung WLV kann deshalb am besten als eine zeitverschobene Version der entstehenden Lieferverzögerung interpretiert werden. (Zu beachten ist, daß der Terminus "Verzögerung" hier für zwei verschiedene Dinge benutzt wird; da ist erstens die Zeitspanne bzw. die Verzögerung ZWLV bei der Variablen WLV, die beim Wahrnehmen der Lieferfristen entsteht und zweitens die Information über die Verzögerung der Warenlieferung, die durch ELV dargestellt ist).

Die Verzögerung ZWLV, die durch das Wahrnehmen der Information entsteht, kann durch einen Prozeß hervorgerufen werden, der die wahrgenommene Information allmählich dem tatsächlichen Wert anpaßt. Eine weitergehendere Erklärung hierfür erfolgt in einem späteren Abschnitt.

Die Verzögerung wird in zwei Schritten dargestellt: erstens durch die Änderung der wahrgenommenen Lieferverzögerung und zweitens durch die wahrgenommene Lieferverzögerung selbst.

In einer einfachen, aber klaren Darstellung des "time lags" beim Beobachtungsvorgang paßt sich die wahrgenommene Situation der tatsächlichen mit einer Rate an, die von der Diskrepanz zwischen tatsächlicher und wahrgenommener Situation abhängt. Eine solche Änderungsrate der wahrgenommenen Lieferverzögerung kann mit der folgenden Gleichung beschrieben werden:

$$\text{AWLV} = \frac{1}{\text{ZWLV}} (\text{ELV} - \text{WLV}) \qquad \text{GL. 2.5-11}$$

ZWLV = 6

AWLV = Änderung der wahrgenommenen Lieferverzögerung (Monate/Monat)
ZWLV = Zeit für das Wahrnehmen der Lieferverzögerung (Monate)
ELV = entstehende Lieferverzögerung (Monate)
WLV = wahrgenommene Lieferverzögerung (Monate)

Diese Gleichung bringt zum Ausdruck, daß die Änderungsrate bei der wahrgenommenen Lieferverzögerung proportional zur bestehenden Differenz zwischen ELV und WLV ist. Im Beispiel wurde für ZWLV eine Zeit von 6 Monaten angenommen; das ist die gesamte Zeit, die erforderlich ist, damit sich die Verkäufer über Änderungen der Lieferzeiten informieren, die Kunden mit den Verkäufern kommunizieren und die Kunden Veränderungen beim Lieferer in ihre Pläne einbeziehen können.

Die wahrgenommene Lieferverzögerung WLV ist ein Systemzustand, der sich aus einer Akkumulation der Änderungen der wahrgenommenen Lieferverzögerungen AWLV ergibt.

$$\text{WLV}_t = \text{WLV}_{t-1} + (\text{DT})(\text{AWLV}) \qquad \text{GL. 2.5-12}$$

WLV = wahrgenommene Lieferverzögerung (Monate)
DT = Lösungsintervall zwischen zwei aufeinander folgenden Rechenschritten (Monate)
AWLV = Änderung der wahrgenommenen Lieferverzögerung (Monate/Monat)

Wie aus den folgenden errechneten Ergebnissen und ausgezeichneten Kurven zu ersehen ist, bewirkt die Kombination der Gleichungen 2.5-11 und 2.5-12 eine Phasenverschiebung; die wahrgenommene Lieferverzögerung WLV folgt der entstehenden Lieferverzögerung ELV mit einem "time-lag".

Zu erklären bleibt nur noch die Verkaufseffektivität VE.
Wären die Waren zur sofortigen Lieferung verfügbar, so
könnte jeder Verkäufer im Durchschnitt monatlich einen
Umsatz realisieren, der durch solche Faktoren wie Preis,
Qualität, Anforderungen an die Bedürfnisse der Kunden, Ruf
der Unternehmung und Verkaufsgeschick determiniert wird.
All diese Einflußfaktoren sind im Beispiel konstant und
implizit im Wert der Verkaufseffektivität enthalten, wenn
keine Lieferverzögerungen entstehen. In Übereinstimmung
mit den schon ausgewählten numerischen Werten wird hier
von einer Verkaufseffektivität von 400 Einheiten per Verkäufer und per Monat ausgegangen, und zwar für den Fall,
daß die Lieferzeit gleich null ist. Wenn die Kunden jedoch
wahrnehmen, daß sie auf die Lieferung warten müssen, so
werden immer mehr Kunden von einem Kauf Abstand nehmen und
auf diese Weise die durchschnittliche Verkaufseffektivität
verringern. Fig. 2. 5c zeigt eine solche Beziehung. Diese
Abbildung zeigt Werte, die für ein Investitionsgut, dessen
Kauf vom Kunden gewöhnlich langfristig geplant wird, passen.
Selbst bei einer Lieferzeit von 6 Monaten kann ein Viertel
des maximal möglichen Absatzes realisiert werden. Diese Kurve
paßt selbstverständlich nicht für gewöhnliche Konsumgüter, wo
in der Regel Konkurrenzprodukte in reichlichem Maße vorhanden
sind.

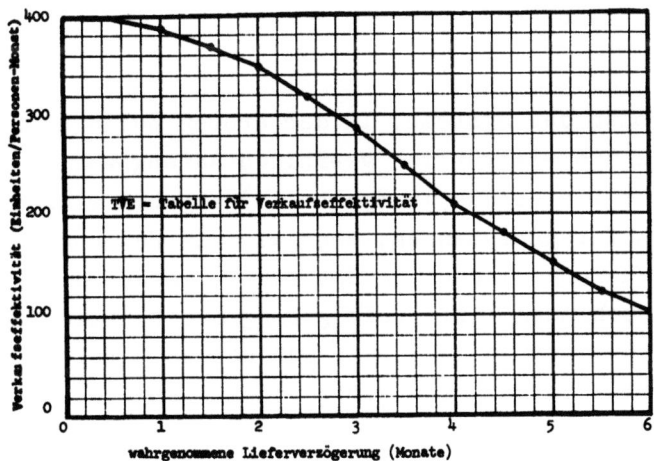

Fig. 2. 5c: Verkaufseffektivität

Symbolisch kann die Tabelle in Fig. 2.5c in gleicher
Weise dargestellt werden, wie es in Gleichung 2.5-8
praktiziert wurde:

$$VE = TABLE \text{ (Fig. 2.5c für VE versus WLV)} \qquad GL. 2.5-13$$

VE = Verkaufseffektivität (Einheiten/Personen-Monat)
WLV = wahrgenommene Lieferverzögerung (Monate)

Das rechnerische Behandeln von Systemoperationen

Ähnlich wie bei den einfacheren Systemen in den vorhergehenden Abschnitten können wir das Verhalten des Systems von Fig. 2.5a erfassen, wenn wir dazu die die Systemaktionen definierenden Gleichungen benutzen. Für die drei Systemzustände - Verkäufer, Auftragsbestand und Lieferverzögerung - werden Anfangswerte als Ausgangsbasen benötigt. Wir wollen mit willkürlich gewählten und für dieses Beispiel vernünftig erscheinenden Zahlen von 10 Verkäufern, einem Auftragsbestand von 800 Einheiten und einer vom Markt erwarteten Lieferzeit WLV von 2 Monaten beginnen. Die Berechnung wird in zwei Monatsschritten für 100 Monate durchgeführt, wie Tabelle 2.5 zeigt.

Die Spalten (2), (3) und (4) enthalten die Zahlen für die Statusvariablen des Systems. In der ersten Zeile stehen hier jeweils die willkürlich gewählten Anfangswerte. Die Werte für die Lieferrate in Spalte (5) ergeben sich aus den Werten des Auftragsbestandes, wenn wir die Beziehung aus Fig. 2.5b zugrunde legen. In Spalte (6) werden die Werte für die entstehenden Lieferverzögerungen mit Hilfe von Gleichung 2.5-10 errechnet. Dazu werden die bereits in derselben Zeile vorhandenen Werte des Auftragsbestandes AB und der Lieferrate LR benutzt. Die Verkaufseffektivität in Spalte (7) wird gefunden, indem man die wahrgenommenen

(1)	(2)	(3)	(4)	(5)	(6)	(7)	(8)	(9)	(10)
	Verkäufer	Auftrags-bestand	wahrgenom-mene Liefer-verzögerung	Liefer-rate	entstehen-de Liefer-verzögerung	Verkaufs-effektivi-tät	gebuch-te Auf-träge	poten-tielle Verkäu-fer	Einstell-rate
	(Perso-nen)	(Einhei-ten)	(Monate)	(Ein-heiten/Monat)	(Monate)	(Einhei-ten/Per-son-Monat)	(Ein-heiten/Monat)	(Per-sonen)	(Perso-nen/Monat)
TIME	V	AB	WLV	LR	ELV	VE	GA	PV	ER
.00	10.0	8000.	2.00	4000.	2.00	350.	3500.	17.5	.38
2.00	10.8	7000.	2.00	3500.	2.00	350.	3763.	18.8	.40
4.00	11.6	7525.	2.00	3763.	2.00	350.	4045.	20.2	.43
6.00	12.4	8089.	2.00	4045.	2.00	350.	4348.	21.7	.47
8.00	13.4	8696.	2.00	4348.	2.00	350.	4674.	23.4	.50
10.00	14.4	9348.	2.00	4674.	2.00	350.	5025.	25.1	.54
12.00	15.4	10049.	2.00	5025.	2.00	350.	5402.	27.0	.58
14.00	16.6	10803.	2.00	5402.	2.00	350.	5807.	29.0	.62
16.00	17.8	11613.	2.00	5807.	2.00	350.	6242.	31.2	.67
18.00	19.2	12484.	2.00	6242.	2.00	350.	6710.	33.6	.72
20.00	20.6	13421.	2.00	6710.	2.00	350.	7214.	36.1	.77
22.00	22.2	14427.	2.00	7214.	2.00	350.	7755.	38.8	.83
24.00	23.8	15509.	2.00	7755.	2.00	350.	8336.	41.7	.89
26.00	25.6	16672.	2.00	8336.	2.00	350.	8961.	44.8	.96
28.00	27.5	17923.	2.00	8961.	2.00	350.	9634.	48.2	1.03
30.00	29.6	19267.	2.00	9634.	2.00	350.	10356.	51.8	1.11
32.00	31.8	20712.	2.00	10249.	2.02	350.	11133.	55.7	1.19
34.00	34.2	22479.	2.01	10868.	2.07	350.	11953.	59.8	1.28
36.00	36.8	24651.	2.03	11628.	2.12	348.	12802.	64.0	1.36
38.00	39.5	27000.	2.06	12450.	2.17	347.	13679.	68.4	1.45
40.00	42.4	29458.	2.10	13310.	2.21	344.	14587.	72.9	1.53
42.00	45.4	32012.	2.13	14003.	2.29	342.	15532.	77.7	1.61
44.00	48.6	35071.	2.18	14768.	2.37	339.	16487.	82.4	1.69
46.00	52.0	38510.	2.25	15627.	2.46	335.	17435.	87.2	1.76
48.00	55.5	42124.	2.32	16319.	2.58	331.	18373.	91.9	1.82
50.00	59.2	46232.	2.41	16935.	2.73	326.	19265.	96.3	1.86
52.00	62.9	50893.	2.51	17589.	2.89	319.	20069.	100.3	1.87
54.00	66.6	55851.	2.64	18085.	3.09	312.	20759.	103.8	1.86
56.00	70.4	61199.	2.79	18560.	3.30	303.	21288.	106.4	1.80
58.00	74.0	66655.	2.96	18833.	3.54	292.	21629.	108.1	1.71
60.00	77.4	72248.	3.15	19112.	3.78	278.	21495.	107.5	1.50
62.00	80.4	77014.	3.36	19351.	3.98	261.	20986.	104.9	1.23
64.00	82.8	80285.	3.57	19509.	4.12	245.	20261.	101.3	.92
66.00	84.7	81790.	3.75	19554.	4.18	230.	19476.	97.4	.63
68.00	86.0	81635.	3.89	19549.	4.18	218.	18777.	93.9	.40
70.00	86.8	80090.	3.99	19503.	4.11	211.	18299.	91.5	.24
72.00	87.2	77682.	4.03	19384.	4.01	208.	18172.	90.9	.18
74.00	87.6	75258.	4.02	19263.	3.91	209.	18283.	91.4	.19
76.00	88.0	73299.	3.98	19165.	3.82	211.	18594.	93.0	.25
78.00	88.5	72157.	3.93	19108.	3.78	216.	19073.	95.4	.34
80.00	89.2	72087.	3.88	19104.	3.77	220.	19588.	97.9	.44
82.00	90.0	73053.	3.84	19153.	3.81	223.	20034.	100.2	.51
84.00	91.1	74816.	3.83	19241.	3.89	223.	20331.	101.7	.53
86.00	92.1	76996.	3.85	19350.	3.98	222.	20434.	102.2	.50
88.00	93.1	79163.	3.89	19458.	4.07	218.	20341.	101.7	.43
90.00	94.0	80929.	3.95	19528.	4.14	214.	20095.	100.5	.32
92.00	94.6	82059.	4.02	19562.	4.19	209.	19778.	98.9	.21
94.00	95.1	82492.	4.08	19575.	4.21	205.	19528.	97.6	.13
96.00	95.3	82399.	4.12	19572.	4.21	203.	19318.	96.6	.06
98.00	95.4	81890.	4.15	19557.	4.19	201.	19175.	95.9	.02
100.00	95.5	81127.	4.16	19534.	4.15	200.	19116.	95.6	.00

Tabelle 2.5: Umsatzwachstum und Stagnation

Lieferverzögerungen WLV aus Spalte (4) als Eingangswerte
für die Kurve in Fig. 2.5c benutzt. Die gebuchten Aufträge
in Spalte (8) werden aus Gleichung 2.5-2 - unter Benutzen
der Werte für die Verkäuferzahl (7) - gewonnen. Für das Errechnen der Anzahl der potentiellen Verkäufer in Spalte (9)
können die beiden Gleichungen 2.5-3 und 2.5-6 benutzt werden. Durch eine Kombination der beiden Schritte kann der
Zwischenschritt zur Errechnung des Absatzbudgets B elimi-
niert werden:

$$PV = \frac{(GA)(GPU)}{GPV} = \frac{(GA)(10)}{2000} = \frac{GA}{200}$$

PV = potentielle Verkäufer (Personen)
GA = gebuchte Aufträge (Einheiten/Monat)
GPU = Gewinn per Umsatz (DM/Einheit)
GPV = Gehalt per Verkäufer (DM/Person-Monat)

Die Anzahl der potentiellen Verkäufer PV hängt nur von den
gebuchten Aufträgen aus Spalte (8) und einer Konstanten ab.
Die Neueinstellungen ER in Spalte (10) ergeben sich aus den
potentiellen Verkäufern PV aus Spalte (9) und den aktuellen
Verkäufern V aus Spalte (2) (siehe Gleichung 2.5-5).

Die ersten drei Werte einer neuen Zeile ergeben sich aus
dem Berechnen der Zustandsvariablen des Systems. Jeder dieser Werte hängt, wie bei den früheren Beispielen, von seinem
vorangegangenen Wert und den Änderungen, die sich während
des dazwischen liegenden Lösungsintervalls ereignet haben,
ab. Die neue Verkäuferzahl V in Spalte (2) erhält man aus:

$$V_t = V_{t-1} + (\text{Lösungsintervall})(ER_{\text{von t-1 bis t}})$$

$$= 10,0 \text{ Personen} + (2 \text{ Monate})(.38 \text{ Personen/Monat})$$

$$= 10,76 \text{ Personen}$$

Der Wert 10,76 wurde in der Tabelle auf 10,8 aufgerundet.

In ähnlicher Weise ergibt sich der Auftragsbestand in Spalte (3) aus dem alten Bestand plus den hinzugefügten Einheiten - das sind die gebuchten Aufträge GA der vorangegangenen Periode aus Spalte (8) - minus den erledigten Aufträgen, das sind die Lieferraten LR der letzten Zeile in Spalte (5).

$$AB_t = AB_{t-1} + (\text{Lösungsintervall})(GA - LR)$$

$$= 8.000 \text{ Einheiten} + (2 \text{ Monate})(3.500 \text{ Einheiten/Monat} - 4.000 \text{ Einheiten/Monat})$$

$$= 7.000 \text{ Einheiten}.$$

Die wahrgenommenen Lieferverzögerungen WLV werden aus Gleichung 2.5-11 (Änderung der wahrgenommenen Lieferverzögerung AWLV) und 2.5-12 (Wahrgenommene Lieferverzögerung WLV) errechnet, und zwar unter Benutzen der Werte für die entstehenden Lieferverzögerungen ELV aus Spalte (6) und den wahrgenommenen Lieferzeiten WLV der Vorperiode aus Spalte (4):

$$AWLV = \frac{1}{ZWLZ} (ELV - WLV)$$

$$= \frac{1}{6} \text{ Monat } (2 \text{ Monate} - 2 \text{ Monate})$$

$$= 0$$

$$WLV_t = WLV_{t-1} + (DT)(AWLV)$$

$$= 2 \text{ Monate} + (2 \text{ Monate})(0)$$

$$= 2 \text{ Monate}$$

Bis zum 34sten Monat erfolgen keine Änderungen in WLV, da WLV und ELV gleich sind; ELV beginnt ab dem 32sten Monat zu steigen.

Der Leser sollte die Werte in der Tabelle für eine genügend große Anzahl von Perioden errechnen und prüfen, um sich so den Vorgang klar zu machen. Es ist wichtig an dieser Stelle, die Beziehung zwischen den Ergebnissen, den Funktionen in Fig. 2. 5b und 2. 5c sowie dem Flußdiagramm in Fig. 2. 5a zu sehen.

Das graphische Behandeln von Systemoperationen

Das Verhalten des Systems ist leichter an Hand einer graphischen Darstellung, wie in Fig. 2. 5d, als mit Hilfe einer Zahlentabelle zu verstehen. Das folgende Diagramm zeigt Kurven, die die Gestalt der Kurve D in Fig. 2.1 haben. Zwei verschiedene Stadien des Systemverhaltens sind hier augenscheinlich. Das erste Stadium zwischen 0 und 50 Monaten zeigt Wachstum, das Verhalten des positiven Regelkreises, wie aus Fig. 2. 4c zu ersehen ist. Die zweite Phase vom 50sten Monat an bis zum Ende des Computerlaufes zeigt abnehmende Oszillationen wie in Fig. 2. 3b. Wir wollen diese beiden Perioden getrennt untersuchen, um feststellen zu können, warum das Verhalten so verschieden ist.

In der Wachstumsphase zu Beginn des Laufes dominiert der positive Regelkreis, der die Anzahl der Verkäufer bestimmt. Die beiden Regelkreise interagieren durch die gebuchten Aufträge GA. Die Verkaufseffektivität hängt von der Lieferverzögerung ab. Diese ist mit 2 Monaten konstant (das System operiert hier im linearen Teilstück von Fig. 2. 5b), bis der Auftragsbestand 20.000 Einheiten erreicht hat. Während der Auftragsbestand auf 20.000 Einheiten anwächst (er beginnt bei 8.000), erfolgt innerhalb des großen negativen Regelkreises keine Änderung; die Lieferfristen oder Verzögerungen und die Verkaufseffektivität sind konstant, und der positive Regelkreis wird nicht vom negativen Regelkreis beeinflußt.

Zu Beginn ist die Verkaufseffektivität gleich 350 Einheiten per Person und Monat; dieser Betrag ist weit über den

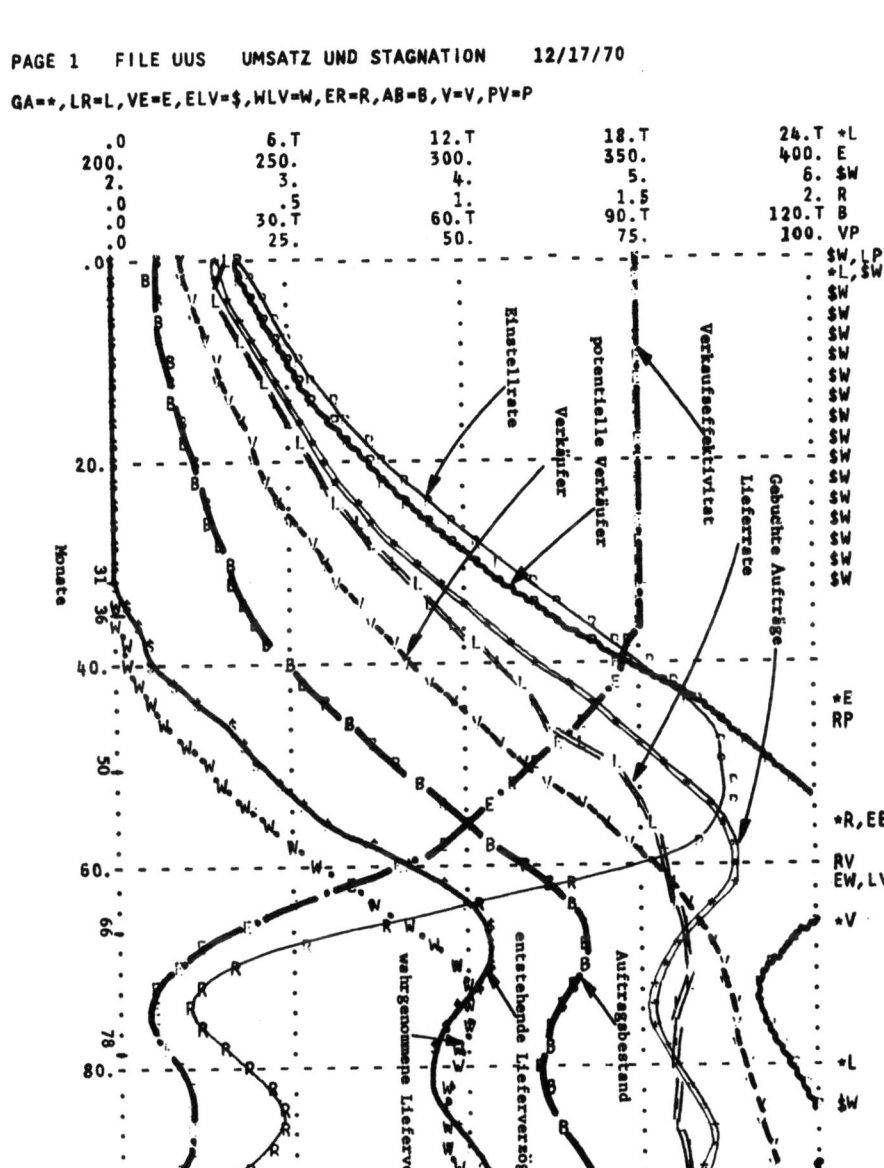

Fig. 2. 5d: Durch Kapazität begrenztes Umsatzwachstum

200 Einheiten per Mann und Monat, die notwendig sind, um
irgendeinen bestehenden Verkäuferstab zu alimentieren
(wenn GA = V (200)). Danach sind die Anzahl der potentiellen Verkäufer PV und die der aktuellen Verkäufer V gleich
(50ste Periode); d.h. es gibt keine Differenz zwischen PV
und V, die eine Einstellrate bewirken könnte (Gleichung
2.5-5). Bei einer Verkaufseffektivität von 350 Einheiten
per Mann und Monat ist die Anzahl der potentiellen Verkäufer immer das 1,75-fache der Anzahl der aktuellen Verkäufer, was in Gleichung 2.5-5 zur folgenden Einstellrate
führt:

$$ER = \frac{1{,}75\ V - V}{20} = \frac{.75}{20}\ (V)$$

$$= .0375\ (V)$$

Diese Beziehung besagt, daß während der ersten Phase die
Einstellrate 3,75 % der vorhandenen Verkäufer ausmacht.
Aus der Tabelle und der Abbildung wird ersichtlich, daß
Neueinstellungen mit dieser Rate die Anzahl der Verkäufer
aller 19 Monate verdoppelt. Wenn jedoch die Anzahl der
Verkäufer steigt, so nimmt auch der Umfang der gebuchten
Aufträge zu; die Lieferrate wächst und der Betrieb nähert
sich der Vollbeschäftigung. In Fig. 2. 5b ist augenscheinlich, daß die Lieferrate mit dem Auftragsbestand nicht
mehr Schritt halten kann, sobald dieser 20.000 Einheiten
übersteigt, was um den 31sten Monat der Fall ist. Ab diesem Zeitpunkt, wie aus Fig. 2. 5d zu ersehen ist, steigen
die Lieferverzögerungen ELV, ausgehend von einem Anfangswert von 2 Monaten. Als Folge davon, wachsen auch die
wahrgenommenen Lieferverzögerungen kurz danach. Die entstehenden Lieferfristen erreichen um den 66sten Monat
einen Höchstwert von 4,18 Monaten. Die wachsenden Lieferzeiten verursachen, über die Beziehung in Fig. 2. 5c, ab
dem 36sten Monat ein Sinken der Verkaufseffektivität.
Wenn die Verkaufseffektivität fällt, dann erreicht das

Absatzbudget eine Höhe, die gerade noch für die Gehälter
der beschäftigten Verkäufer ausreicht. Nach 100 Monaten
fällt die Verkaufseffektivität auf einen Wert von 200 Einheiten per Mann und Monat; die treibende Kraft zur Expansion des Verkäuferstabes ist nicht mehr spürbar.

Zusammenfassend kann festgestellt werden, daß das Wachstum
zu Beginn, wenn sofort geliefert wird und das Verkaufen
keine Schwierigkeiten macht, stark ist. Aber die sinkende
Produktattraktivität, verursacht durch lange Lieferzeiten,
erschwert den Absatz zusehends und stoppt das Wachstum,
wenn die Verkaufserlöse gerade noch zur Deckung der Verkaufskosten ausreichen. (Ob das Produkt weiterhin einen
Gewinn erbringt, hängt davon ab, inwieweit die Gewinne durch
noch stärkere Verkaufsanstrengungen zur Realisierung eines
Umsatzwachstums ausgedehnt werden können. In diesem Beispiel
kann Wachstum bei Vollbeschäftigung natürlich nur durch ein
Erweitern der Produktionskapazität erreicht werden).

Wenn die steigenden Lieferverzögerungen den Wachstumsprozeß
verlangsamen, kommt das System unter den Einfluß der negativen Schleife, die die gebuchten Aufträge, den Auftragsbestand, die Lieferverzögerung und die Verkaufseffektivität
miteinander verbindet. In dieser Schleife kann die Lieferrate die maximale Produktionskapazität nicht überschreiten.
Weiterhin können die gebuchten Aufträge langfristig nicht
größer sein als die maximale Lieferrate, anderenfalls würden Auftragsbestand und Lieferverzögerung weiterhin unbegrenzt wachsen, was wiederum die Kunden nicht tolerieren
würden. Der Kontrolleffekt des negativen Regelkreises besteht darin, die gebuchten Aufträge auf eine Höhe zu bringen,
so daß sie im Durchschnitt der Lieferrate gleichen. Kurzfristig jedoch divergieren die gebuchten Aufträge und die
Lieferrate, wie es nach dem 60sten Monat in Fig. 2. 5d
deutlich zu sehen ist. Hier oszillieren die gebuchten Aufträge um die Lieferrate.

Der Grund für diese Fluktuationen bei den gebuchten Aufträgen ist in zwei Verzögerungen zu suchen, die durch den Auftragsbestand und die wahrgenommenen Lieferverzögerungen erzeugt werden. In Fig. 2. 5d beginnen die Fluktuationen beim Auftragsbestand später als bei den gebuchten Aufträgen.

In ähnlicher Weise folgen die Fluktuationen bei den wahrgenommenen Lieferverzögerungen dem Auftragsbestand mit einer Zeitdifferenz.

Wenn die entstehenden Lieferverzögerungen die Verkaufseffektivität direkt beeinflussen würden, dann könnten sich die gebuchten Aufträge ohne Überschießen einem Wert nähern, so wie dies beim Lagerbestand in Fig. 2. 2c der Fall war. Aber wenn die korrigierende Aktion via Verkaufseffektivität verzögert ist, weil der Markt Zeit braucht, um die Veränderungen der Lieferzeiten wahrzunehmen, dann steigen die gebuchten Aufträge zu stark und verursachen ein temporäres Anwachsen des Auftragsbestandes und der entstehenden Lieferverzögerungen, die zu lang sind, um das System im Gleichgewicht zu halten. Wenn der Markt schließlich die unbefriedigende Schnelligkeit der Lieferungen wahrnimmt, dann bleiben die Aufträge solange unter der Lieferrate, bis diese den Auftragsbestand wieder reduziert hat. Zwei Verzögerungen in der Schleife (die Verzögerung, die beim Wahrnehmen der Lieferverzögerungen entsteht, und die Verzögerung, die durch den Auftragsbestand verursacht wird) machen ein fluktuierendes Verhalten möglich, ebenso wie die Verzögerung bei den bestellten Waren und die Verzögerung im Lager, die die Schwingungen in Fig. 2. 3b erzeugen.

In den Kurven von Fig. 2. 5d können verschiedene wichtige zeitabhängige Beziehungen beobachtet werden. Deutlich zu sehen ist, daß Veränderungen einer Zustandsvariablen – als Beispiel diene die Kurve des Auftragsbestand – durch die Differenz zwischen einer Zu- und Abflußrate verursacht werden. In den ersten 66 Monaten, mit Ausnahme der ersten zwei, sind die gebuchten Aufträge größer als die Lieferrate,

und dieser Überschuß der gebuchten Aufträge bewirkt, daß
der Auftragsbestand bis zu einem Maximum steigt, das zeitlich (66sten Monat) mit dem Schnittpunkt zwischen den gebuchten Aufträgen und der Lieferrate zusammenfällt. Zwischen dem 66sten und 78sten Monat sind die gebuchten Aufträge kleiner als die Lieferrate, so daß der Auftragsbestand
bis auf ein Minimum sinkt, das im 78sten Monat mit dem zweiten Schnittpunkt zwischen den gebuchten Aufträgen und der
Lieferrate zusammenfällt.

Zu beachten ist auch die Beziehung zwischen den potentiellen und den aktuellen Verkäufern und wie sich die Differenz zwischen diesen beiden Größen zur Einstellrate verhält. Die Verkäuferkurve bewegt sich via Einstellrate auf
die Kurve der potentiellen Verkäufer zu, und zwar mit einer
Rate, die von der Differenz zwischen aktuellen und potentiellen Verkäufern abhängt.

Die Auswirkung der Gleichungen 2.5-11 und 2.5-12 zur Bestimmung der wahrgenommenen Lieferverzögerungen WLV wird
ersichtlich, wenn man diese Kurve mit der Kurve der entstehenden Lieferverzögerungen vergleicht (Fig. 2. 5d).
Die wahrgenommenen Lieferverzögerungen bewegen sich immer
auf die entstehenden Lieferverzögerungen zu (ebenso wie
sich die aktuellen Verkäufer den potentiellen annähern),
und als Ergebnis erscheint eine Kurve, die der Kurve der
entstehenden Lieferverzögerung ähnlich ist, aber dieser
zeitlich verschoben folgt.

In diesem Abschnitt haben wir Systeme diskutiert, die von
dem einfachen Ein-Schleifen-System bis zu einem System
mit ineinander verwobenen Schleifen reichen. Das letzte
Beispiel, das fünf Regelkreise enthält, deutet an, daß
die Rückkopplungsschleife das Basiselement ist, aus dem
sich die Systeme zusammensetzen. Wir haben gesehen, wie
die Struktur einer individuellen Rückkopplungsschleife
dieser einen zielsuchenden oder einen Wachstums-Charakter

verleihen kann. Bei den zielsuchenden Schleifen (negative Rückkopplung) zeigt die einfachste Schleife eine schwingungsfreie allmähliche Zielapproximation. Schleifen, die mehr als eine Zustandsvariable enthalten, können Oszillationen zeigen. In späteren Abschnitten sollen die hier aufgezeigten Ideen eingehender behandelt werden.

(Aufgaben hierzu siehe Abschnitt 2.5 des Anhanges)

3. Modelle und Simulationen

3.1 Modelle

Ein Modell ist ein Substitut für ein Objekt oder ein System. Ein Modell kann viele Formen haben und kann vielen Zwecken dienen. Wir kennen physikalische Modelle, die irgendwelche Objekte darstellen. Die Modellautos und die Modellsoldaten der Kinder erfüllen einen visuellen Zweck, indem sie die Einbildungskraft und den Spieltrieb anregen. Ein Architekturmodell vermittelt einen Eindruck von Räumen und Anordnungen. Stärker verbreitet sind aber die mehr abstrakten Modelle. Im weitesten Sinne sind alle Regeln und Beziehungen, die irgendetwas beschreiben, Modelle eben dieser Objekte. In diesem Sinne basiert unser ganzes Denken auf Modellen.

Unsere geistigen Prozesse benutzen Konzepte, die wir in neue Ordnungen manipulieren. Diese Konzepte sind in der Tat nicht das reale System, das sie repräsentieren. Das Gleichungssystem, das das Verhalten in Abschnitt 2 beschreibt, war mehr spezifischer Natur, obwohl nicht unbedingt genauer als unsere geistigen Modelle. Alle Modelle, geistige, mathematische oder deskriptive, können die Realität mit unterschiedlichem Grad an Genauigkeit repräsentieren.

```
* * * * * * * * * * * * * * * * * * * *
* * * * * * * * * * * * * * * * * * * *
```

Prinzip 3.1-1   <u>Abstrakte Modelle</u>

Mathematische Simulationsmodelle gehören zur Klasse der abstrakten Modelle. Diese abstrakten Modelle beinhalten geistige Vorstellungen, verbale Deskriptionen, Verhaltensregeln für Spiele und legale Normen.

```
* * * * * * * * * * * * * * * * * * * *
* * * * * * * * * * * * * * * * * * * *
```

Der menschliche Verstand ist gut geeignet, Modelle zu bilden und damit Gegenstände und Räume zueinander in Beziehung zu bringen. Der Geist eignet sich auch ausgezeichnet zur Arbeit mit Modellen, die Worte und Ideen assoziieren. Aber ein nicht unterstützter menschlicher Geist, der mit modernen sozialen und technischen Systemen konfrontiert wird, ist nicht geeignet, dynamische Modelle zu konstruieren und zu interpretieren, die Veränderungen von komplexen Systemen repräsentieren. In diesem Buch werden Grundlagen zur Konstruktion von Computermodellen entwickelt, die unseren geistigen Prozessen helfen sollen, mit im Zeitablauf variierenden Systemen umzugehen.

Die geistigen Modellen von dynamischen Systemen haben einige entscheidende Mängel, die dadurch gelindert (nicht ausgeschaltet) werden können, daß man die geistigen Modelle in Modelle transformiert, die durch explizite präzise Aussagen repräsentiert werden - etwa in Form von Flußdiagrammen und Gleichungen:

1. Unsere geistigen Modelle sind schlecht definiert. Wir haben viele Modelle; sie dienen verschiedenen Zwecken - und die Zwecke sind oft unklar. Als Ergebnis ändern wir laufend den Inhalt eines geistigen Modells, ohne uns dessen bewußt zu werden. Wir ändern ständig die Annahmen und die Interpretationen der Beobachtungen des realen Lebens in der Modellstruktur sowie die Konsequenzen, von denen wir annehmen, das sie aus dem Modell folgen. Aber die Annahmen, die Struktur und die impliziten Konsequenzen werden nicht synchron geändert. Es können in einem hohen Grade interne Widersprüche bestehen.

2. Die Annahmen in geistigen Modellen sind nicht klar definiert. Es wird gewöhnlich nicht deutlich, wie Informationen und Erfahrungen das geistige Modell gestalten. Es ist nicht möglich zu überschauen, wie das Modell zustande gekommen ist.

3. Das geistige Modell läßt sich nicht leicht mit anderen in Verbindung bringen. Die schlecht definierte und nebulose Natur von intuitiven geistigen Prozessen ist schwer in Worte zu fassen. Aber selbst, wenn diese in Worte gefaßt werden, bedeuten sie nicht das gleiche für den Schreiber wie für den Leser. Fernerhin kann die unpräzise Natur der Sprache dazu benutzt werden, eine unklare geistige Vorstellung ebenso beim Sprecher wie beim Hörer zu verheimlichen.

4. Geistige Modelle von dynamischen Systemen können nicht effektvoll manipuliert werden. Wir ziehen oft falsche Schlüsse aus einem Systemverhalten, sogar dann, wenn wir mit einem richtigen Modell der separaten Systemrelationen beginnen. Diese inkorrekte dynamische Interpretation kann vielleicht dadurch entstehen, daß wir das Systemverhalten nicht damit erklären, daß wir Aktionen und deren Konsequenzen in einer Weise nachgehen, wie wir es mit den Rechnungen im 2. Abschnitt getan haben, sondern indem wir Analogieschlüsse aufgrund vergangener Erfahrungen ziehen. Wie wir später noch sehen werden, ist diese Lösung durch Analogieschluß besonders unzuverlässig für das Abschätzen des Verhaltens von geschlossenen Systemen. Unsere Erfahrungen gründen gewöhnlich auf dem Beobachten der einfachsten Systeme erster Ordnung. Wenn wir dieselben Erwartungen an mehr komplexe Systeme knüpfen, so werden die Ergebnisse oft falsch sein. So ist zum Beispiel das in Fig. 2. 2c abgebildete Verhalten eines linearen "Ein-Schleifen-Systems" erster Ordnung wenig geeignet, das in Fig. 2. 5d illustrierte Verhalten eines nicht-linearen Fünf-Schleifen-Systems zu antizipieren. Denn wir können nicht alle möglichen Verhaltensarten von komplexen

Systemen zur gleichen Zeit überblicken; wir tendieren vielmehr dazu, das System in Teile zu zerlegen und getrennte Schlüsse von den Subsystemen zu ziehen. Eine solche Fragmentierung ist jedoch nicht dazu geeignet zu zeigen, wie die einzelnen Subsysteme miteinander interagieren.

(Aufgaben hierzu siehe Abschnitt 3.1 und Abschnitt 3.2)

3.2 Grundlagen der Anwendbarkeit von Modellen

Die Gültigkeit und die Brauchbarkeit eines dynamischen Modells sollte nicht vor dem Hintergrund einer imaginären Perfektion beurteilt werden, sondern immer nur im Vergleich mit den geistigen und deskriptiven Modellen, die wir sonst benutzen würden. Wir sollten die formalen Modelle nach ihrer Klarheit der Struktur beurteilen und diese Klarheit vergleichen mit der Verwirrung und Unvollständigkeit, die wir so oft in verbalen Beschreibungen finden. Wir sollten die Modelle danach beurteilen, in welchem Maße sie imstande sind, die zugrunde liegenden Annahmen klarer zum Ausdruck zu bringen als im verschleierten Hintergrund unserer Gedankenarbeit. Wir sollten die Modelle an Hand der Sicherheit beurteilen, mit der sie die korrekten, in der Zeit variierenden Konsequenzen der Behauptungen zeigen, die im Modell gemacht wurden, verglichen mit den unzuverlässigen Schlüssen, die wir oft ziehen, wenn wir unsere geistigen Vorstellungen von der Systemstruktur auf deren Verhaltensimplikationen ausdehnen. Wir sollten die Modelle danach beurteilen, wie leicht sie ihre Struktur erkennen lassen, verglichen mit den Schwierigkeiten beim Auswerten von verbalen Beschreibungen.

Durch das Konstruieren eines formalen Modells erhält unsere geistige Vorstellung von dem System ein klares Bild. Allgemeine Feststellungen über Größe, Bedeutung und Einfluß werden durch numerische Werte ausgedrückt. Sobald das Modell so präzise formuliert ist, wird man gewöhnlich gefragt, woher man wisse, daß das Modell so "richtig" sei. Es entsteht oft eine Kontroverse darüber, ob die Realität durch das Modell richtig wiedergegeben wird. Aber solche Fragen gehen an dem Hauptzweck eines Modells vorbei, der darin besteht, klar zu sein und konkrete Feststellungen zu treffen, die leicht vermittelt werden können.

Es gibt weder in den Naturwissenschaften noch in den Sozialwissenschaften irgendetwas, über das wir vollkommene Informationen besitzen. Wir können niemals beweisen, daß irgendein Modell ein völlig exaktes Abbild der Wirklichkeit ist. Umgekehrt gibt es unter den Dingen, die wir wahrnehmen, nichts, von dem wir überhaupt nichts wissen. Deshalb haben wir es immer mit unvollkommenen Informationen zu tun; das ist zwar besser als garnichts aber durchaus nicht perfekt. Modelle können nicht an einem absoluten Maßstab gemessen werden, der sie von vornherein zur Unvollkommenheit verdammt, sondern es muß ein relativer Maßstab an sie angelegt werden, der sie für gut befindet, wenn es ihnen gelingt, klärende Kenntnisse über und Einblicke in Systeme zu vermitteln.

* *
* *

Prinzip 3.2-1 <u>Modellgültigkeit</u>

Die Modellgültigkeit ist relativer Natur. Die Brauchbarkeit eines mathematischen Simulationsmodells sollte immer im Vergleich mit der gedanklichen Vorstellung oder mit einem anderen abstrakten Modell, das als Ersatz dienen könnte, beurteilt werden.

* *
* *

Wenn wir uns Modellen zuwenden, die Menschen, ihre Entscheidungen und ihre Reaktionen auf Ereignisse ihrer Umwelt repräsentieren, so ist es gut, wenn man sich des mehr relativen als absoluten Wertes des Modells bewußt bleibt. Die Modelldarstellung muß nicht als etwas Perfektes verteidigt werden, denn sie hat nur den Zweck, Gedanken zu klären, d.h. zu sammeln und aufzunehmen, was wir wissen. Dabei werden wir befähigt, die Folgen unserer Annahmen zu übersehen, egal ob sich diese Annahmen schließlich als richtig oder falsch erweisen. Ein Modell ist dann brauchbar, wenn es Wege erschließt, auf denen die Genauigkeit, mit der wir die Wirklichkeit darstellen, verbessert werden kann.

Wenn ein Modell auf Diagramme und Gleichungen reduziert ist, wenn die ihm zugrundeliegenden Annahmen geprüft werden können, wenn es anderen vermittelt werden kann und wenn wir Zeitreihen errechnen können, um das Verhalten zu bestimmen, das dem Modell implizit ist, dann können wir mit Recht hoffen, die Wirklichkeit besser zu verstehen.

Von Modellen, die leichter verständlich gemacht werden können und zuverlässiger sind als diejenigen, die jetzt in unserer Gedankenwelt und in der Literatur vorherrschen, können wir auch erwarten, daß sie in Zukunft mehr Bedeutung beim Lösen der großen Probleme unserer sozialen Systeme haben werden. Auf dieses Ziel, nämlich besseres Verstehen, leichtere Kommunikation und verbessertes Management von sozialen Systemen, schreiten wir zu.

3.3 Simulation versus analytischer Lösungsverfahren

In Abschnitt 2 wurden verschiedene Systeme in Gleichungen beschrieben, die anzeigen, wie man von irgendeinem Zustand eines Systems ausgeht und dann den Zustand berechnet, der sich kurze Zeit später einstellen würde. Mit anderen Worten, die Gleichungen beschreiben, wie das System sich ändert, und die Änderungen werden Schritt für Schritt akkumuliert, um so das Verhaltensmuster des Systems darzulegen. Aber die Gleichungen sagen nicht, wie man direkt zu irgendwelchen zukünftigen Zuständen kommt, ohne zuerst alle Zwischenstadien durchzurechnen.

Dieser Vorgang der Schritt-für-Schritt-Lösung wird als <u>Simulation</u> bezeichnet. Die Gleichungen, d.h. die Instruktionen, die angeben, wie der nächste Schritt zu berechnen ist, werden im allgemeinen als "Simulationsmodell" bezeich-

net. Das Simulationsmodell wird an Stelle des realen
Systems verwendet. Der Wert des Modells besteht darin,
daß es rasch und billig nützliche Informationen über das
dynamische, d.h. in der Zeit variierende, Verhalten des
realen Systems, das vom Modell repräsentiert wird, vermitteln kann.

Erst in jüngster Zeit haben Simulationsmodelle eine weite
Beachtung erfahren. In der Vergangenheit haben sich die
meisten Bemühungen auf einem von diesem gänzlich verschiedenen Ansatz zur Lösung der Gleichungen, die das Systemverhalten beschreiben, konzentriert, nämlich auf analytische
Lösungen. Ein solches Lösungsverfahren würde die Systemzustände in Termini irgendeines zukünftigen Zeitpunktes und
nicht etwa in Termini der kurzen Zeitintervalle zwischen
den aufeinanderfolgenden Rechenoperationen ausdrücken. Bei
Systemen, bei denen ein analytischer Lösungsansatz möglich
ist, könnte man irgendeinen künftigen Wert ersetzen und so
den zukünftigen Systemzustand beurteilen, ohne vorher die
dazwischen liegenden Systemzustände zu errechnen. Weiterhin würde diese Form der Lösung viel über die allgemeine
Struktur der Systemreaktionen aussagen und das selbst, ohne
irgendwelche dazwischen liegenden Rechenoperationen.

Als ein Beispiel hierfür können wir auf den einfachen negativen Regelkreis in Abschnitt 2.2 zurückgreifen. Er
wurde beschrieben durch die Bestellrate (Gleichung 2.2-1)
und durch den Prozeß der Akkumulation des Auftragsflusses,
um den jeweils nächsten Wert für den Lagerbestand zu errechnen. Die iterative Rechnung erscheint in Tabelle 2.2. Da
dieses System hinreichend einfach ist, ist es möglich, eine
analytische Lösung anzugeben:

$$L = (GL) - [(GL) - L_o]\, e^{-t/(AZ)} \qquad \text{GL. 3.3-1}$$

GL = 6000
Lo = 1000
AZ = 5

L = Lagerbestand (Einheiten)
GL = gewünschter Lagerbestand (Einheiten)
Lo = Lageranfangsbestand (Einheiten)
e = Basis der natürlichen Logarithmen = 2,718
t = gemessene Zeit vom Beginn der interessierenden Periode (Wochen)
AZ = Anpassungszeit (Woche)

Durch Substituieren der Werte von GL, Lo und AZ erhält man:

$$L = 6000 - 5000\, e^{-t/5} \qquad \text{GL. 3.3-2}$$

Diese Gleichung unterscheidet sich sehr von denen in den vorangegangenen Abschnitten. Sie enthält die Zeit (t) explizit, mit anderen Worten, wir können jede Anzahl von Wochen vom Beginn des Systems an einsetzen und direkt den dann gegebenen Lagerbestand errechnen, ohne durch die dazwischen liegenden vielen Rechenschritte gehen zu müssen. Nehmen wir zum Beispiel an, daß wir den Lagerbestand in der zwanzigsten Woche direkt ermitteln wollen. Es ist in diesem Falle nicht notwendig, die dazwischen liegenden Schritte wie in Tabelle 2.2 durchzuführen.
Setzen wir t = 20, so erhalten wir aus Gleichung 3.3-2:

$$L = 6000 - 5000\, e^{-20/5}$$
$$ = 6000 - 5000\, e^{-4}.$$

Der negative Exponent von e entspricht bekanntlich dem reziproken Wert von e zum selben positiven Exponenten, d.h.:

$$e^{-4} = 1/e^4 .$$

Für die Werte von e gibt es Tabellen, in denen man zum Beispiel für e^{-4} findet:

$$e^{-4} = 0{,}01832 \; .$$

Deshalb ist:

$$\begin{aligned} L &= 6000 - 5000 \, (0{,}01832) \\ &= 6000 - 92 \\ &= 5908 \text{ zum Zeitpunkt } t = 20 \; . \end{aligned}$$

Die Diskrepanz von rund 1 % zwischen 5908 und dem Wert 5970 aus Tabelle 2.2 entsteht, weil die analytische Lösung nach Gleichung 3.3-2 auf infinitesimalen Lösungsintervallen basiert, wohingegen Tabelle 2.2 mit dem wesentlich größeren Zeitintervall von 2 Wochen errechnet wurde, um die Rechenzeit zu verkürzen.

Die analytische Lösung, wie in Gleichung 3.3-1, erlaubt es uns nicht nur, den Systemzustand zu jedwedem Zeitpunkt zu errechnen, sondern sie enthält auch viele Informationen über den ganzen zeitlichen Ablauf der Systemaktionen. Aus Gleichung 3.3-1 ersehen wir sofort, daß der Lagerbestand L den richtigen Anfangswert hat, wenn t gleich 0 ist. Für $t = 0$ ist $e^{-t/(AZ)} = 1$. Deshalb ist $L = L_0$. Wenn t zunimmt, so nähert sich der exponentielle Ausdruck ($e^{-t/(AZ)}$) gegen 0, so daß das langfristige Systemgleichgewicht $L = GL$ wird.

Fig. 3.3a entspricht Fig. 2.2c, der noch das Konzept von Gleichung 3.3-1 hinzugefügt wurde. Die Gleichung besagt, daß der Lagerbestand gleich dem gewünschten Lagerbestand ist minus einer Menge, die mit einem Wert von $[(GL) - L_0]$ beginnt und relativ abnimmt, gemäß dem Abbild des exponentiellen Ausdruckes, wenn die Zeit fortschreitet. Der exponentielle Ausdruck beginnt mit einer Steigung von

5000/AZ = 1000, für t = 0. Wenn t = AZ, also = 5 ist, so ist der exponentielle Ausdruck = e^{-1}, was einem Näherungswert von 0,37 entspricht. Das bedeutet, daß nur 0,37 des zu substituierenden Teiles übrig bleiben oder daß 1 - 0,37 = 0,63 des Endwertes bereits erreicht ist.

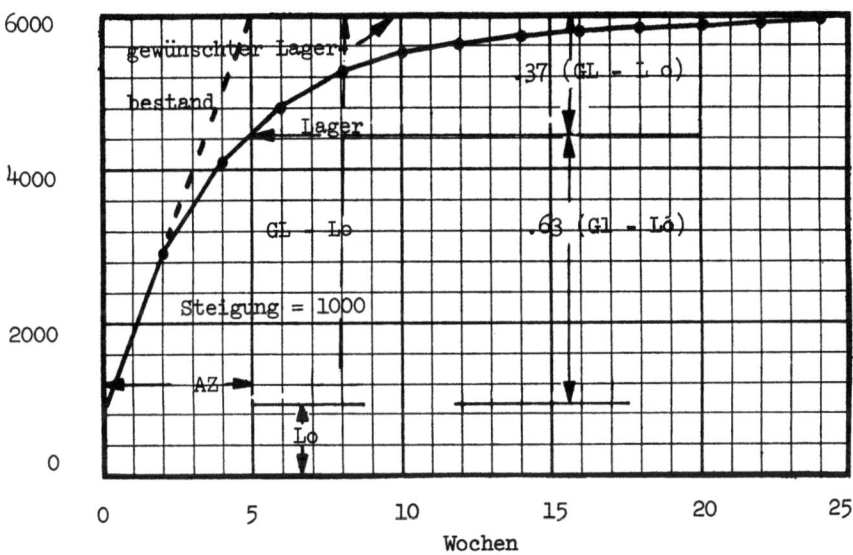

Fig. 3.3a: Verhalten eines Systems erster Ordnung

In einer ähnlichen Weise mit etwas mehr Aufwand kann man auch eine analytische Lösung für das System zweiter Ordnung, mit einem Lager und einer Auftragsverzögerung - wie es in Abschnitt 2.3 dargestellt ist - erhalten. Die Lösung hat die Form:

$$L = C1 + C2\, e^{-C3t} \sin\left(\frac{2\pi t}{C_4} + C_5\right) \qquad \text{GL. 3.3-3}$$

C1, C2, C3, C4 und C5 sind Konstante, die aus komplizierten Ausdrücken zusammengesetzt sind und die bekannte Konstanten, geplanter Lagerbestand GL, Anpassungszeit AZ, Auftragsverzögerung AV, den Wert des Lageranfangsbestandes Lo und den Anfangswert des Auftragsbestandes ABo enthalten. Die Lösung ist eine Summe aus der Konstanten C1 und einem Sinus-Ausdruck mit der Amplitude C2. Die Amplitude nimmt, entsprechend dem exponentiellen Ausdruck e^{-C3t} ab. C3 ist die Zeitkonstante für das Schrumpfen des exponentiellen Ausdrucks. C4 ist die Periode (Zeit zwischen den 2 Extremwerten) der Fluktuation. C5 ist die Phasenverschiebung, die Aufschluß darüber gibt, wie weit sich der Sinus-Ausdruck in der Zeit verschiebt. Die Ausdrücke für C1 bis C5 sind zu kompliziert, um hier dargelegt zu werden. Aber mit ihnen, d.h. mit den numerischen Werten von GL, AZ, AV, Lo und ABo und mit den mathematischen Tabellen für die Werte der Exponential- und Sinus-Funktionen ist es möglich, den Lagerbestand dieses Systems zweiter Ordnung für irgendeinen bestimmten Zeitpunkt direkt und in ähnlicher Weise zu errechnen, wie bei dem oben diskutierten System erster Ordnung nach Gleichung 3.3-1.

Da die analytische Lösung des Systemverhaltens so informativ ist und da sie es erlaubt, Systemzustände zu jedwedem Zeitpunkt direkt zu berechnen, könnte man annehmen, daß eine analytische Lösung immer und bei jeder Systemstudie angestrebt werden sollte. Dies ist jedoch nicht möglich. Nur wenige Leute sind in der Lage, selbst bei dem notwendigen mathematischen Geschick die beiden vorstehenden Lösungen aus dem Ärmel zu schütteln. Ein nur wenig schwierigeres Problem wird auch die geschicktesten Mathematiker in Verlegenheit bringen. Schon bald kommt man an Systeme, für die selbst bei begrenzter Ausdehnung wie etwa das in Abschnitt 2.5 eine analytische Lösung unmöglich wird.

Wenn wir es mit Systemen zu tun haben, deren analytische Lösungen außerhalb der Reichweite der heutigen Mathematik liegen, so wenden wir uns dem Prozeß der Simulation zu.

Die Simulation liefert keine exakte Lösung. Sie gibt keinen Aufschluß über alle möglichen Verhaltensmodi. Stattdessen liefert die Simulation eine Zeitreihe von den Systemoperationen mit den Koeffizienten und Anfangsbedingungen, deren numerischen Werte jeweils ausgewählt werden. Um mehr zusätzliche Informationen über verschiedene Bedingungen zu erhalten, muß eine schrittweise Rechnung bei der Systemsimulation aufgemacht werden. Wegen der extensiven Rechnung, die Simulationsstudien erfordern, hatten sie nur begrenzten Wert, bis die Digital-Computer verfügbar wurden.

```
* * * * * * * * * * * * * * * * * * * * * *
* * * * * * * * * * * * * * * * * * * * * *
```

Prinzip 3.3-1   Simulationslösungen

Das dynamische Verhalten von sozialen
Systemen kann von Modellen repräsentiert werden, die nicht-lineare Beziehungen aufweisen und so komplex sind,
daß mathematisch-analytische Lösungen
unmöglich sind. Für solche Systeme ist
lediglich die Simulation, d.h. die
schrittweise numerische Lösung verfügbar.

```
* * * * * * * * * * * * * * * * * * * * * *
* * * * * * * * * * * * * * * * * * * * * *.
```

Auch als die Anwendung der Simulation vom Zeitaufwand und von den Kosten begrenzt war, gab es eine lange illustrative Geschichte von Problemen, für die derartige Lösungen ökonomisch gerechtfertigt waren. So benötigten zum Beispiel die geographischen Entdecker zu Beginn der Entwicklung des Welthandels vor ein paar hundert Jahren die Kenntnis der relativen Positionen von Sonne, Erde und Mond. Aber sogar dieses verhältnismäßig einfache Problem der Ortsbestimmung dreier Himmelskörper liegt außerhalb der analytischen Lösungsmöglichkeiten der damaligen Mathematik. Und dies, obwohl die Gravitations- und Trägheitsgesetze, nach denen sich die künftige Position fester Körper aus ihrer bisherigen Lage und Bewegung ableitet, lange bekannt waren. Eine schrittweise Simulationslösung war daher ein Hilfsmittel, um die künftigen Stellungen des Sonnensystems festzustellen. Um 1600 verbrachten Leute ein ganzes Leben damit, Navigationstabellen nach dem Prinzip der Simulation zu erstellen.

Aber während der ganzen Entwicklung der Wissenschaften bis zum Jahre 1955 waren die Rechenkosten so hoch, daß die meisten Anstrengungen darauf verwendet wurden, analytische Lösungen für einfache Systeme zu finden; die mehr komplexen Systeme wurden ignoriert. In kurzer Zeit hat sich die Wirtschaftlichkeit des Rechnens drastisch geändert. Die Rechenkosten sind seit 1940 etwa alle 5 Jahre ungefähr um einen Faktor von 10 gefallen. Vor 1940 zwangen die Kosten der Simulation zur Wahl analytischer Lösungen. Aber die Lösungen konnten nur für naiv einfache Systeme gefunden werden. Nun sind die Rechenkosten soweit gesunken, daß wiederholte Simulationen von komplexen Systemen billig und schnell ausgeführt werden können. In der Tat waren es nicht allein die Kostengrenzen, die das Studium großer Systeme in der Vergangenheit entmutigten. Aber selbst dort, wo die Kosten sich rechtfertigen ließen, war die Rechenzeit so lang, daß man nicht bereit war, auf die Ergebnisse zu warten. All dies hat sich nun geändert, so daß eine lange Simulation eines komplexen Systems für wenig Geld und in kurzer Zeit möglich ist.

(Aufgaben hierzu siehe Abschnitt 3.3 des Anhanges)

4. Zur Struktur von Systemen

In Abschnitt 1.2 wurde schon auf die Bedeutung der Struktur hingewiesen. Die Struktur eines Gegenstandes dient als Leitfaden bei der Organisation von Informationen. Eine Struktur oder ein Muster kann als eine Grundlage bei der Interpretation von Beobachtungen dienen. Eine Beobachtung mag zuerst bedeutungslos erscheinen, aber wenn man weiß, daß sie in eine der in begrenzter Anzahl vorhandenen Kategorien passen muß, so hilft dies der Identifikation. Strukturen bestehen in vielen Ebenen oder Hierarchien. Jede Struktur kann aus Unterstrukturen bestehen. In diesem Abschnitt werden die Strukturkonzepte behandelt, die in diesem Buch zur Darstellung von Systemen benutzt werden. Dies sind: die geschlossene Systemgrenze, die Rückkopplungsschleifen, die Zustands- und die Flußgrößen und innerhalb der Flußgrößen das Systemziel, der beobachtete Systemzustand, die Diskrepanz und die Aktion. Diese Strukturteile sind in der folgenden Hierarchie von über- und untergeordneten Komponenten zusammengestellt:

I. Das geschlossene System, dessen Verhalten innerhalb der Systemgrenze unabhängig von äußeren Einflüssen verursacht wird.
   A. Die Rückkopplungsschleife als das Grundelement, aus dem Systeme zusammengesetzt sind.
      1. Systemzustände als der eine fundamentale Typ der Variablen in einer Rückkopplungsschleife.
      2. Flußgrößen (oder Entscheidungsregeln) als der andere Typ von Grundvariablen in einer Rückkopplungsschleife:
         a) das Ziel als Komponente einer Flußgröße;
         b) der beobachtete Systemzustand, der mit dem Ziel verglichen wird;
         c) die Diskrepanz zwischen dem Ziel und den beobachteten Gegebenheiten;
         d) die Handlung, die aus der Diskrepanz von Soll- und Istzustand resultiert.

4.1 Die geschlossene Systemgrenze

Systeme interessieren uns als <u>Kausalität</u> des dynamischen Verhaltens. Dabei sind Schwerpunkte die Interaktionen <u>in</u> einem System, die Wachstum, Fluktuationen und Änderungen verursachen. Jedes spezifische Verhalten muß durch eine Kombination von interagierenden Komponenten verursacht werden. Diese Komponenten liegen innerhalb einer Systemgrenze, die das System definiert und umschließt.

Fig. 4.1a veranschaulicht das Konzept der geschlossenen Systemgrenze. Beim Formulieren eines Systemmodells sollte man von der Frage ausgehen: "Wo ist die Grenze, die die kleinste Anzahl von Komponenten umschließt, innerhalb derer das zu untersuchende dynamische Verhalten erzeugt wird?"

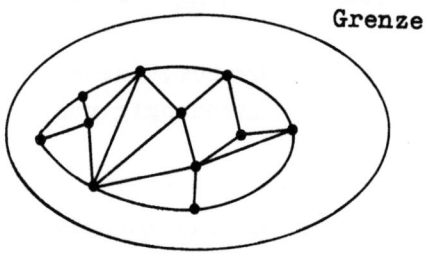

Fig. 4. 1a: geschlossenes System

Die wesentliche Idee in Fig. 4. 1a ist die Grenze gegenüber der Umwelt, durch die nichts fließt (ausgenommen vielleicht einer Störgröße, die dazu dient, die Reaktion des Systems auf Zufallseinflüsse zu beobachten). Das Denken in Termini eines geschlossenen Systems zwingt dazu, innerhalb der Grenzen eines Modells diejenigen Beziehungen zu konstruieren, die die interessierenden Verhaltensarten bewirken.

* *
* *

    Prinzip 4.1-1   Geschlossene Grenze

    Ein System mit Rückkopplungen, ein Feed-
    back-System, ist ein geschlossenes System.
    Sein Verhalten entsteht innerhalb seiner
    internen Struktur. Jede Interaktion, die
    für das untersuchte Verhalten wesentlich
    ist, muß mit in das System eingeschlossen
    werden.

* *
* *

Die Anwendung von Grundsatz 4.1-1 begegnete uns bei den Systemen in Abschnitt 2. Dort erzeugten die sich selbst erhaltenden Systeme die in den Figuren 2. 2c, 2. 3b und 2. 5d zu beobachtenden Reaktionen.

4.2 Der Regelkreis — das Strukturelement von Systemen

Innerhalb der Systemgrenze ist der Regelkreis der grundlegende Baustein. Der Regelkreis ist eine Schleife, die die Entscheidung, die Aktion und den Zustand (oder die Bedingung) des Systems miteinander verbindet und Informationen über den Systemzustand zum Entscheidungspunkt zurück meldet.

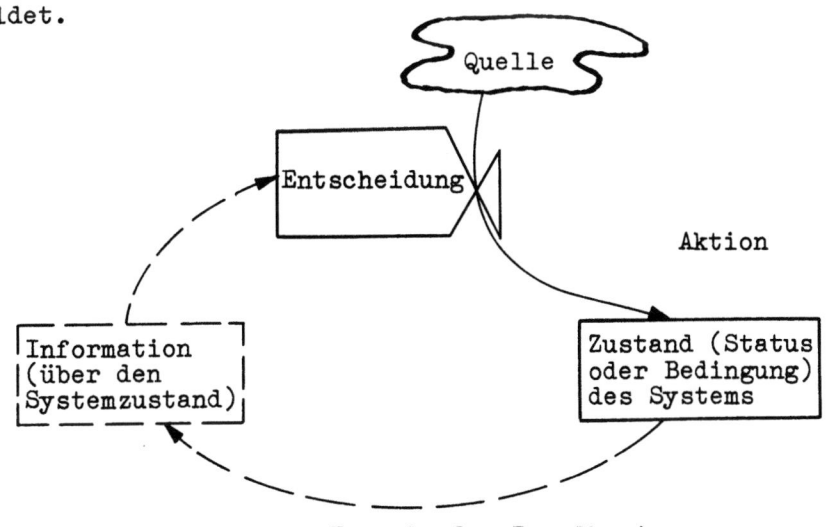

Fig. 4. 2a: Regelkreis

Der dem Entscheidungsprozeß in Fig. 4.2a zugrundeliegende
Entscheidungsbegriff geht über die allgemeine Bedeutung
des Wortes "Entscheidung" hinaus. Ein Entscheidungsprozeß,
so wie er hier verstanden wird, ist ein Vorgang, der jedwede Systemaktion kontrolliert.

Es kann sich dabei um eine klare, explizite menschliche
Entscheidung handeln. Es kann auch eine unbewußte Entscheidung sein. Es kann sich um den Regelungsprozeß in einer
biologischen Entwicklung handeln. Es kann ein Steuerventil
oder ein Antriebsmechanismus in einer chemischen Anlage
sein. Es kann sich dabei auch um die natürlichen Folgen
handeln, die aus der physischen Struktur eines Systems resultieren. Was auch immer die Natur des Entscheidungsprozesses sein mag, er ist immer in eine Rückkopplungsschleife eingebettet.

Die Entscheidung beruht auf der verfügbaren Information;
die Entscheidung kontrolliert eine Aktion, die einen Systemzustand beeinflußt. Hieraus entstehen neue Informationen,
die den Entscheidungsstrom modifizieren.

* *
* *

Prinzip 4.2-1   <u>Entscheidungen vollziehen sich immer in Rückkopplungsschleifen</u>

Jeder Entscheidungspunkt ist von einer
Rückkopplungsschleife umgeben. Die Entscheidung kontrolliert die Aktion, die
den Systemzustand verändert, der seinerseits wieder die Entscheidung beeinflußt. Ein Entscheidungsprozeß kann
Teil einer oder mehrerer Rückkopplungsschleifen sein.

* *
* *

Der vorstehende Merksatz beschreibt den rückkoppelnden
Charakter des Entscheidungsprozesses und lenkt somit die

Aufmerksamkeit auf den Regelkreis. Entscheidungsprozesse
sind gewöhnlich leicht wahrzunehmen. Die dazu gehörenden
Rückkopplungsschleifen dagegen sind nicht immer klar erkennbar. Trotzdem fordert Merksatz 4.2-1, nach der geschlossenen Systemstruktur zu suchen, die dafür Sorge
trägt, daß die Ergebnisse eines Entscheidungsprozesses
wieder als Informationsinput in den Entscheidungsprozeß
eingehen.

Ein System kann aus einer einzelnen Rückkopplungsschleife
oder aus mehreren ineinander verzahnten Rückkopplungsschleifen bestehen. Jede Schleife enthält eine oder mehrere Entscheidungspunkte, die die Aktionen steuern, und
eine oder mehrere Zustandsgrößen des Systems, die sich aus
den Aktionen ergeben. Ein System kann so einfach sein, daß
es nur eine einzelne Zustandsgröße besitzt, so wie in Fig.
2. 2a und 4. 4a, oder so komplex, wie in Fig. 2. 5a, wo
fünf miteinander verbundene Schleifen drei Zustandsgrößen
enthalten. Über dieses System mit drei Zustandsgrößen
hinaus wird die Simulationsanalyse nun auch auf Systeme
mit hundert und mehr Zustandsgrößen angewandt. Reale Systeme können diese Komplexität natürlich noch weit überschreiten.

```
* * * * * * * * * * * * * * * * * * * * * * * *
* * * * * * * * * * * * * * * * * * * * * * * *
```

      Prinzip 4.2-2   <u>Die Rückkopplungsschleife -
                                  das Strukturelement aller
                                  Systeme</u>

Die Rückkopplungsschleife ist das grundlegende Strukturelement in Systemen. Dynamisches Verhalten wird durch Rückkopplung
erzeugt. Die komplexeren Systeme setzen
sich aus interagierenden Rückkopplungsschleifen zusammen.

```
* * * * * * * * * * * * * * * * * * * * * * * *
* * * * * * * * * * * * * * * * * * * * * * * *
```

4.3 Die Zustands- und Flußgrößen — die Substruktur der Regelkreise

Miteinander verbundene Rückkopplungsschleifen bilden irgendein System. Auf einer niederen Stufe der Hierarchie enthält jede Rückkopplungsschleife eine Substruktur. Jede Schleife enthält grundsätzlich zwei Arten von variablen Elementen: Zustands- und Flußgrößen. Beide sind notwendig und beide sind hinreichend.

Die Zustandsvariablen (oder Statusvariablen) beschreiben die Bedingung des Systems zu jedem Zeitpunkt. Die Zustandsvariablen akkumulieren die Ergebnisse der Aktionen innerhalb des Systems. Sie werden dargestellt durch die "Zustandsgleichungen", die im nächsten Abschnitt diskutiert werden. In Tabelle 2.5 befinden sich die Zustandsvariablen in den Spalten 2, 3 und 4; sie sind durch die senkrechten Doppellinien getrennt. Beim Errechnen eines neuen Wertes einer Zustandsvariablen wird vom vorangegangenen Wert dieser Zustandsvariablen ausgegangen. Weiter werden die Raten (Aktionen), die die Zustandsgröße zu einer Veränderung veranlassen, und die Länge des Zeitintervalls seit der letzten Berechnung dieser Zustandsgröße einbezogen. Bei der Berechnung eines neuen Wertes einer Zustandsgröße werden keine Werte irgendwelcher anderen Zustandsvariablen berücksichtigt. Die Zustandsvariablen akkumulieren die Zu- und Abflüsse, die durch die Ratenvariablen beschrieben werden. Die Gleichungen für die Zustandsgrößen stellen einen Integrationsprozeß dar (der mathematische Prozeß wird in Kalkülen ausgedrückt).

Ganz anderer Natur sind die Flußvariablen (Aktionen). Sie geben an, wie schnell sich die Zustandsgrößen verändern. Die Ratenvariablen bestimmen nicht die gegenwärtigen Werte der Zustandsvariablen, sondern vielmehr deren Wandel (Veränderung pro Zeiteinheit). Die Flußgrößen werden durch "Ratengleichungen" definiert, die im nächsten Kapitel besprochen werden. Die Ratengleichungen sind Ausdruck der Entscheidungsregeln[1], die die Aktionen innerhalb eines Systems bestimmen, d.h., die Ratengleichungen geben den Aktionsoutput eines Entscheidungspunktes in Termini des Informationsinputs für diese Entscheidung an. Beim Berechnen der Werte einer Ratenvariablen werden ausschließlich Werte von Zustandsvariablen und Konstanten benutzt. Eine Flußvariable hängt weder von ihrem eigenen vergangenen Wert, noch von dem Zeitintervall zwischen den Berechnungszeitpunkten, noch von anderen Flußvariablen ab.

* *
* *

Prinzip 4.3-1   Zustandsgrößen und
                 Flußraten als Elemente der Schleifensubstruktur

Eine Rückkopplungsschleife besteht aus
zwei grundsätzlich verschiedenen Arten
von Variablen - den Bestandsgrößen
(Zustände) und den Flußraten (Aktionen).
Abgesehen von Konstanten sind diese
beiden Elemente zur Darstellung einer
Rückkopplungsschleife ausreichend aber
auch notwendig.

* *
* *

Die Zustandsvariablen stellen die Akkumulationen in einem System dar. Die Zustandsgrößen akkumulieren (oder integrieren) die Netto-Differenz zwischen Zu- und Abflußraten. So ist zum Beispiel das Wasser in einem Eimer eine Zustandsvariable. Sie wird verändert durch Raten, durch die Wasser hinzugefügt und entnommen wird. Aber das momentan in einem bestimmten Eimer vorhandene Wasser hängt

---

[1] Der für das weitere Verständnis wichtige Terminus "policy" wird hier mit "Entscheidungsregeln" übersetzt.

nicht von dem Wasser ab, das sich zu diesem Zeitpunkt in irgendeinem anderen Eimer befindet. Die beiden Eimer sind nur dann verbunden, wenn sich eine Flußrate zwischen ihnen befindet.

* *
* *

Prinzip 4.3-2   <u>Zustandsgrößen sind Integrationen</u>

Die Zustandsgrößen integrieren (oder akkumulieren) die Ergebnisse der Aktionen in einem System. Die Zustandsvariablen können sich nicht sprunghaft verändern; sie sorgen für Systemkontinuität zwischen den Zeitpunkten.

* *
* *

Zustandsvariable sind so geartet, daß sie nur von der <u>Akkumulation</u> <u>früherer</u> Flußraten abhängen. Gegenwärtige Flußraten bestimmen nicht die gegenwärtigen Zustandsgrößen, sondern nur die Geschwindigkeit, mit der diese sich verändern. Da eine Zustandsvariable nur von den vergangenen Akkumulationen der mit ihr verbundenen Flußraten determiniert wird, kann sie nicht unmittelbar von irgendeiner anderen Zustandsvariablen abhängen. Jede gegenseitige Abhängigkeit zwischen zwei Zustandsgrößen ist nur möglich, wenn sie in der Vergangenheit durch eine Flußrate miteinander verbunden waren.

```
* * * * * * * * * * * * * * * * * * * * * *
* * * * * * * * * * * * * * * * * * * * * *
```

Prinzip 4.3-3   Zustandsgrößen werden
                 nur durch die Flußra-
                 ten verändert

Eine Zustandsvariable errechnet sich
aus der den Ratenvariablen entsprechenden Veränderung und dem vorhergehenden
Wert des Zustands. Der frühere Wert der
Zustandsgröße wird als Endzustand der
Vorperiode vorgetragen. Er wird durch
die Ströme verändert, die während des
betrachteten Zeitintervalls fließen. Der
gegenwärtige Wert einer Zustandsgröße
kann ohne den gegenwärtigen oder vorhergehenden Wert irgendeiner anderen Zustandsgröße berechnet werden.

```
* * * * * * * * * * * * * * * * * * * * * *
* * * * * * * * * * * * * * * * * * * * * *
```

Gerade weil die Zustandsvariablen voneinander unabhängig sind, ist die Struktur eines Systems und das Verhalten natürlicher Prozesse dergestalt, daß die Flußgrößen ebenfalls nicht direkt interagieren. So wie hier benutzt, sind die Flußraten nicht als Durchschnittswerte über eine gewisse Zeit definiert, sondern als die augenblicklichen Flußgrößen in den Aktionskanälen eines Systems. Raten können nicht direkt aufeinander einwirken, da sie nur durch ihre Einflußnahme auf die Systemzustände wirksam werden können.

Flußraten sind nicht zeitlos zu messen. Alle Vorkehrungen, die das Messen von Flußraten bezwecken, brauchen für diese Aufgabe Zeit. Sie messen tatsächlich auch nicht die augenblickliche Rate, sondern vielmehr die Durchschnittsrate über einen gewissen Zeitabschnitt. Ebenso beobachten wir, daß Zeit erforderlich ist, um die Aktionen in sozialen Systemen zu beobachten und daß gemessene Flußraten tatsächlich beobachtete Durchschnittswerte sind. Wie wir später sehen werden, ist eine <u>Durchschnittsrate</u> aber eine Zustandsvariable des Systems und keine Flußrate. Die wirkliche Flußrate repräsentiert den augenblicklichen Aktionsstrom, aus dem ein Durchschnittswert gebildet ist.

Die Maßeinheiten einer Variablen zeigen nicht an, ob die Variable eine Zustands- oder eine Flußgröße ist. Eine Flußrate und die Zustandsgröße, die den Durchschnittswert dieser Rate angibt, haben dieselbe Dimension. Zum Beispiel wird die Flußvariable Aufträge pro Woche, die den Lagerbestand in einem Warenhaus verändert, in denselben Einheiten gemessen, wie die Zustandsvariable Aufträge pro Woche im Durchschnitt, von der die Entscheidung über Nachbestellungen abhängt.

* *
* *

Prinzip 4.3-4   Zustandsgrößen und Flußraten können nicht an ihren Dimensionen unterschieden werden

Die Maßeinheiten einer Variablen unterscheiden nicht zwischen einer Zustandsgröße und einer Flußrate. Bei der Identifikation muß darauf geachtet werden, ob eine Variable durch Integration entstanden ist oder ob sie eine Entscheidungsregel des Systems wiedergibt.

* *
* *

Prinzip 4.3-4 ist als eine Warnung zu verstehen. Nützlicher zur Unterscheidung von Zustands- und Flußgrößen kann eine Daumenregel sein.
Flußraten sind Aktionsvariablen; sie hören auf, wenn eine Aktion beendet ist. Zustandsgrößen sind Akkumulationen der Auswirkungen von vergangenen Aktionen; sie bestehen weiter und können noch beobachtet werden, wenn es im System keine Aktivität mehr gibt. Wenn wir uns vorstellen, daß je-

de Aktivität in einem System ruht, dann wären nur noch die Zustandsvariablen vorhanden und sichtbar. In einem solchen stationären System wären alle Aktionen eingefroren, die Systemzustände würden jedoch weiterbestehen. Ein Baum zum Beispiel würde aufhören zu wachsen, seine erreichte Höhe wäre jedoch sichtbar. In einer Fabrik würde nicht mehr gearbeitet, die Zustandsgrößen Beschäftigtenzahl, Bestände an Halbfertigfabrikaten, Anlagen und Kontostände wären jedoch meßbar. Die immateriellen Zustandsgrößen, wie Arbeitsmoral, Firmenruf, Produktqualität würden gleichermaßen bestehen bleiben. Eine gegebene laufende Verkaufsrate wäre zwar nicht mehr vorhanden, die durchschnittliche Verkaufsrate des vergangenen Jahres wäre jedoch als Systemzustand weiterhin bekannt.

Da eine gewisse Zeit notwendig ist, irgendeine Rate zu messen und Informationen darüber weiterzuleiten, können wir die Behauptung aufstellen, daß keine Rate zu irgendeinem Zeitpunkt von einer anderen Rate im gleichen Zeitpunkt abhängig sein kann. Eher praktische als theoretische Überlegungen führen zum gleichen Prinzip als Arbeitshilfe für die Modellgestaltung. Ungeachtet der Art des Systems entspricht üblicherweise die Zeit, die zur Beobachtung der Flußgrößen erforderlich ist, signifikant den zeitlichen Verzögerungen, die in anderen Teilen des Systems auftreten. Flußgrößen beeinflussen nicht direkt andere Flußgrößen; es sei denn, sie werden zuerst auf Durchschnittswerte gebracht (diese Durchschnitte sind Akkumulationen oder Integrationen und stellen somit Zustandsvariable dar).

```
* * * * * * * * * * * * * * * * * * * * * *
* * * * * * * * * * * * * * * * * * * * * *
```

    Prinzip 4.3-5   <u>Flußgrößen sind nicht</u>
                                     <u>augenblicklich meßbar</u>

    Eine Flußrate kann nur als ein Durch-
    schnitt über eine Zeitperiode gemessen
    werden. Im Prinzip kann keine Fluß-
    größe eine andere kontrollieren, ohne
    daß eine Zustandsvariable dazwischen
    liegt.

```
* * * * * * * * * * * * * * * * * * * * * *
* * * * * * * * * * * * * * * * * * * * * *
```

Obgleich Prinzip 4.3-5 als Grundkonzept richtig ist, kann
die zur Durchschnittsbildung bei der Messung einer Flußgröße erforderliche Zeit manchmal sehr kurz sein im Vergleich zu anderen zeitlichen Verzögerungen innerhalb eines
Systems. Diese relative Schnelligkeit der Messung erlaubt
gelegentlich eine Vereinfachung: man verbindet eine Rate
mit einer anderen, ohne daß dadurch das dynamische Verhalten eines Modells ernstlich beeinflußt wird. Wirkliche Ge-
legenheiten für eine solche Abkürzung sind selten. Der An-
fänger sollte irgendwelche Rate - mit - Rateverbindungen
in einem Modell strikt vermeiden.

```
* * * * * * * * * * * * * * * * * * * * * *
* * * * * * * * * * * * * * * * * * * * * *
```

    Prinzip 4.3-6   <u>Flußraten hängen nur</u>
                                     <u>von Zustandsgrößen</u>
                                     <u>und Konstanten ab</u>

    Der Wert einer Flußvariablen hängt nur
    von Konstanten und von den gegenwärti-
    gen Werten der Zustandsvariablen ab.
    Keine Ratenvariable ist direkt von ir-
    gendeiner anderen Ratenvariablen abhängig.
    Die Ratengleichungen (Entscheidungsre-
    geln) eines Systems sind von einfacher
    algebraischer Form; sie enthalten weder
    die Zeit noch das Lösungsintervall, und
    sie sind nicht von ihren eigenen ver-
    gangenen Werten abhängig.

```
* * * * * * * * * * * * * * * * * * * * * *
* * * * * * * * * * * * * * * * * * * * * *
```

Die vorstehenden Prinzipien besagen, daß Zustandsvariable
nur Ratenvariablen Informationen zuführen, und daß Ratenvariable
nur bei Zustandsvariablen Veränderungen verursachen.
Daraus folgt, daß entlang eines jeden Weges durch
die Systemstruktur Zustands- und Ratenvariablen miteinander
abwechseln müssen.

```
* * * * * * * * * * * * * * * * * * * *
* * * * * * * * * * * * * * * * * * * *
```

Prinzip 4.3-7   **Zustands- und Ratenvariable müssen alternieren**

Jeder Weg durch die Struktur eines Systems führt abwechselnd an Zustands- und Ratenvariablen vorbei.

```
* * * * * * * * * * * * * * * * * * * *
* * * * * * * * * * * * * * * * * * * *
```

Aus den Prinzipien 4.3-2 bis 4.3-7 ergibt sich eine Funktion
der Zustandsvariablen (Statusgrößen). Der Systemzustand
trennt Flußraten, die der Bestandsgröße zu- und aus
ihr abfließen. Der zwischen zwei Raten liegende Systemzustand
ermöglicht, daß diese Raten sich betragsmäßig voneinander
unterscheiden. So ist zum Beispiel ein Bankkonto
notwendig, um die kurzfristigen Unterschiede zwischen
Geldzu- und -abgängen festzustellen. Eine ähnliche Funktion
hat ein Lager, da Angebots- und Nachfragerate differieren
können; das Lager absorbiert die Nettodifferenz.
Die Unterscheidung zwischen Zustands- und Ratenvariablen
ist aus verschiedenen Bereichen bekannt. In der Finanzbuchhaltung
wird zum Beispiel eine klare Trennung zwischen
der Bilanz und der Gewinn- und Verlustrechnung gemacht.
Die Bilanzposten sind Bestandsgrößen, die den Stand eines
Unternehmens zu einem bestimmten Zeitpunkt wiedergeben.
Die Bilanzposten zeigen die Auswirkungen der Akkumulationen
von Flußraten in der Vergangenheit. Die Gewinn- und Verlust-

rechnung gibt dagegen die Veränderungen an, die sich seit
der vorhergehenden Bilanz ereignet haben. Die Raten der
Gewinn- und Verlustrechnung verursachen die Änderungen
zwischen zwei Bilanzen . Eine Flußrate bestimmt, wie
schnell sich ein Systemzustand ändert, die gegenwärtige
Rate ist jedoch nicht für den gegenwärtigen Zustand maß-
geblich. Dieser ist das Ergebnis der Akkumulation der in
der Vergangenheit ein- und ausgehenden Raten. Die Zustandsvariablen sorgen für die Kontinuität des Systems
von der Vergangenheit zur Gegenwart. Die Zustandsgrößen
beinhalten alle bleibenden und gegenwärtig verfügbaren
Daten des Systems. Wenn die Zustandsgrößen bekannt sind,
dann können auch die Raten bestimmt werden. Daraus folgt,
daß die Zustandsgrößen den Status eines Systems hinreichend determinieren. Das Modell eines Systems muß für jede Quantität, die zur Beschreibung der Zustände eines
Systems erforderlich ist, eine Statusvariable enthalten.

* * * * * * * * * * * * * * * * * * * *
* * * * * * * * * * * * * * * * * * * *

Prinzip 4.3-8   **Systeme werden hinreichend durch ihre Zu-
standsgrößen beschrie-
ben**

Nur die Werte der Zustandsvariablen sind
notwendig, um die Bedingung eines Systems
vollständig zu beschreiben. Ratenvariable
sind nicht notwendig, da sie aus den Zustandsgrößen errechnet werden können.

* * * * * * * * * * * * * * * * * * * *
* * * * * * * * * * * * * * * * * * * *

Ein Simulationslauf muß von einem genau festgelegten
Zustand des Systems ausgehen. Prinzip 4.3-8 besagt, daß
Anfangsbedingungen nur für Systemzustände angegeben sein
müssen. In Tabelle 2.5 zum Beispiel waren nur Werte für
die Variablen Verkäufer, Auftragsbestand und beobachtete

Lieferverzögerung notwendig, um mit der Rechnung beginnen
zu können.

Alle oben angeführten Prinzipien sind in den Systembeispielen des zweiten Abschnittes veranschaulicht. Die Abbildungen 2. 2a, 2. 3a, 2. 4a und 2. 5a zeigen die Zustands- und Flußgrößen als Substruktur der Rückkopplungsschleife. Die Zustandsgrößen erscheinen in den Flußdiagrammen als Rechtecke, die Raten, die einen fließenden Strom regulieren, als Ventil-Symbole. In den Diagrammen von Abschnitt 2 werden die Zustandsgrößen nur von Flußgrößen beeinflußt, und diese erhalten nur von den Zustandsgrößen Informationen. (In Abbildung 2. 5a können die Kreissymbole ignoriert werden. Sie stellen Hilfsgleichungen dar, die Bestandteil der Ratengleichung sind; vgl. dazu die Ausführungen im nächsten Abschnitt.) In Abbildung 2. 5a führt der Weg entlang der Flußlinien abwechselnd an Zustands- und Flußgrößen vorbei.

4.4 Die Substruktur der Aktionsvariablen — Ziel, Zustand, Abweichung, Aktion

In den vorstehenden Abschnitten wurde die Struktur eines Systems in drei Schichten entwickelt: der geschlossenen Systemgrenze, der Regelkreis-Struktur und der Substruktur der Zustands- und Ratenvariablen. Nun ist nach einer Subsubstruktur der Zustandsgrößen und der Raten zu fragen.

Es scheint nicht sinnvoll, Substrukturen für Zustandsgrößen einzuführen. Die Struktur einer Zustandsberechnung ist unkompliziert. Es handelt sich hier um einfache Arithmetik; die Änderung einer Zustandsgröße und ihr vorhergehender Wert sind zu addieren. Geschick und Urteilsvermögen sind dann notwendig, wenn es zu entscheiden gilt, welche Zustandsgrößen in ein Systemmodell aufgenommen werden sollen. Die Aufstellung der Gleichung und die Berechnungen einer Zustandsgröße sind unproblematisch, sobald dieser Systemzustand mit seinen Zu- und Abflüssen identifiziert ist.

Von Bedeutung ist jedoch die innere Struktur einer Ratengleichung. Wir wollen hier auf die Komponenten der Ratengleichung, die die Subsubstruktur eines Systems bilden, hinweisen, weil die Ratengleichung ihrerseits eines der fundamentalen substrukturellen Elemente ist. Ehe wir jedoch näher auf die Subsubstruktur einer Ratengleichung eingehen, sollten wir zunächst die Bedeutung des Begriffs "Ratengleichung" klären.

Eine Ratengleichung definiert eine Entscheidungsregel, d.h., sie gibt an, wie ein "Entscheidungsprozeß" (oder eine "Aktion") abläuft. Die Begriffe "Ratengleichung" und "Entscheidungsregel" haben so, wie sie hier gebraucht sind, die gleiche Bedeutung. Eine Entscheidungsregel beschreibt, wie die verfügbare Information benutzt wird, um Entscheidungen zu treffen. Die Begriffe "Entscheidungsprozeß" und "Aktion" sind, so wie sie hier verwendet werden, gleichbedeutend; Entscheidung und Aktion sind Synonyme. Jede Verzögerung und Abweichung zwischen Entscheidung und Aktion, die dem üblichen Begriffsinhalt dieser Worte nach zu erwarten wäre, müßte in einem Modell eine weitere Zustandsgleichung erforderlich machen. Deshalb beschreibt die Entscheidungsregel oder Ratengleichung, wie die Rate (der Fluß zu oder von einer Bestandsgröße), die auf Werten von Zustandsgrößen und Konstanten basiert, zu errechnen ist.

Ratengleichungen sind uns schon im Abschnitt 2 begegnet. Gleichung 2.2-1 beschreibt zum Beispiel, wie die Bestellrate errechnet wird, wenn die Lagerbestandsänderung und die Konstanten für den gewünschten Lagerbestand sowie die Anpassungsrate gegeben sind. Gleichung 2.3-1 für die Lieferrate und Gleichung 2.3-2 für die Bestellrate definieren die beiden Ratengleichungen (Verhaltensweisen), die notwendig sind, um das System in Abschnitt 2.3 in Gang zu bringen. In Abschnitt 2.4 zeigt die Ratengleichung 2.4-1, wie die Zahl der Verkäufer die Einstellrate für neue Verkäufer bestimmt.

In Abschnitt 2.5 sind vier Ratengleichungen beschrieben. Gleichung 2.5-5, zusammen mit ihren Substrukturen, definiert in den Gleichungen 2.5-4, 2.5-3, 2.5-2, und der Beziehung in Gleichung 2.5-13, wie in Abbildung 2. 5c veranschaulicht, ist von den Zustandsgrößen Verkäufer und wahrgenommene Lieferverzögerung abhängig und bestimmt die Verkäufereinstellrate. Die Rate der eingehenden Aufträge, die in den Auftragsbestand fließen, ist durch die Ratengleichung 2.5-6 bestimmt, die von den Zustandsgrößen Verkäufer und wahrgenommene Lieferverzögerung abhängt. Die letztere wird durch die in den Gleichungen 2.5-2 und 2.5-13 definierten Beziehungen wirksam. Die erledigten Aufträge, die den Auftragsbestand verringern, sind durch die Höhe des Auftragsbestands bestimmt, wie in Abbildung 2. 5b gezeigt wird. Die Änderungsrate der wahrgenommenen Lieferverzögerungen ist durch Gleichung 2.5-11 definiert, die von den Zustandsgrößen wahrgenommene Lieferverzögerungen und Auftragsbestand abhängt.

Die Rategleichung reagiert unverzüglich (sie vernachlässigt die Verzögerung, die durch das Zeitintervall zwischen den Berechnungen hervorgerufen wird, wenn das Lösungsintervall kurz genug ist). Sie ist ein rein algebraischer Ausdruck, der die gegenwärtige Flußrate in Termini der gegenwärtigen Information festlegt. Alle Verzögerungen, die gewöhnlich in einem Entscheidungsprozeß zu erwarten sind, implizieren das Vorhandensein von Zustandsgrößen, die jeweils mit Raten alternieren. Die Rategleichung ist algebraisch, sie ist frei von Verzögerungen und zeitabhängigen Verzerrungen. Alle zeitabhängigen Veränderungen in der Art einer Flußgröße werden durch Zustandsgleichungen verursacht.

Wir wenden uns nun den Komponenten einer Rategleichung zu, der Subsubstruktur eines Systems. Vier Informationen bzw. Anweisungen sind in einer Ratengleichung (d.h. in einer Entscheidungsregel) zu finden:

1. ein Ziel,
2. ein beobachteter Zustand des Systems,
3. ein Weg, um die Abweichung zwischen Ziel und beobachtetem Zustand darzustellen,
4. eine Aussage darüber, wie die Aktion von der Abweichung abhängt.

Diese vier Größen sind, wie in Abbildung 4. 4a illustriert, miteinander verbunden und aus der Ratengleichung 2.2-1, die hier noch einmal wiederholt wird, klar erkennbar:

$$BR = \frac{1}{AZ} (GL - L) \qquad GL. \ 4.4-1$$

BR = Bestellrate (Einheiten/Woche)
AZ = Anpassungszeit (Wochen)
GL = gewünschter Lagerbestand (Einheiten)
L = Lagerbestand (Einheiten)

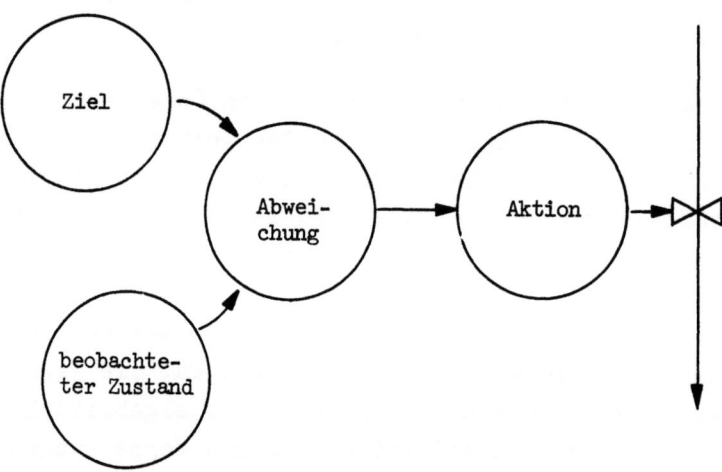

Fig. 4. 4a: Komponenten einer Ratengleichung (oder Entscheidungsregel)

Das Ziel in dieser Gleichung ist der gewünschte Lagerbestand GL. Die Bestellrate bewirkt die Zielanpassung des Lagerbestandes. Der beobachtete Zustand ist der Lagerbestand L. In dem einfachen System, das in Abschnitt 2.2 dargestellt ist, wurde keine Unterscheidung zwischen dem tatsächlichen und dem beobachteten Lagerbestand gemacht. Die Abweichung zwischen dem gewünschten und dem beobachteten Zustand des Systems wird hier als einfache Differenz (GL-L) dargestellt. In der oben angeführten Ratengleichung wird die Aktion als 1/AZ der Abweichung (GL-L) definiert.

In vielen Ratengleichungen können diese vier Komponenten der Subsubstruktur unklar sein. In Gleichung 2.5-6 für die eingehenden Aufträge

$$EIA = GA = (V)(VE) \qquad \text{GL. 4.4-2}$$

EIA = eingehende Aufträge (Einheiten/Monat)
GA = gebuchte Aufträge (Einheiten/Monat)
V = Verkäufer (Personen)
VE = Verkaufseffektivität (Einheiten/Person-Monat)

sind das Ziel, der beobachtete Zustand, die Abweichung und ein Teil der Aktionsanweisung in einer Kurve (Abbildung 2. 5c) zusammengefaßt. Dieser Gleichung liegt die Konzeption einer "Gleichgewichts-Verzögerung" zugrunde. Ziel und Verzögerung würden hier eine Bestellrate erzeugen, die gleich der Produktionskapazität wäre. Der beobachtete Zustand ist die wahrgenommene Lieferverzögerung. Die Abweichung zwischen den beiden wird durch zwei Faktoren modifiziert. Der eine kommt in der Steigung der Kurve in Abbildung 2. 5c zum Ausdruck und der andere in der Anzahl der Verkäufer (Gleichung 2.5-2). So wird die Aktion mit der Rate der zum Auftragsbestand hinzukommenden Aufträge definiert.

In einer positiven Rückkopplungsschleife hat der Begriff "Ziel" eine andere Bedeutung, wie in einem negativen Regelkreis. In der negativen Schleife ist das Ziel, wie durch den üblichen Gebrauch des Wortes impliziert, der gesuchte Systemzustand. In der negativen Schleife schafft die Ratengleichung eine Flußrate, die dahin tendiert, den Zustand des Systems auf das gewünschte Ziel zu bringen. In der positiven Rückkopplungsschleife hat der Begriff "Ziel" die umgekehrte Bedeutung. Hier ist das Ziel der Wert, von dem das System bei seinem stetig zunehmenden Wachstum ausgeht.

* *
* *

Prinzip 4.4-1   <u>Die Subsubstruktur des
                  Systems - Ziel, Zustand,
                  Abweichung, Aktion</u>

Die Gleichung für eine Verhaltensweise oder Rate enthält ein expliziertes Ziel, an dem die Entscheidung ausgerichtet ist; sie vergleicht das Ziel mit dem beobachteten Systemzustand, um eine mögliche Abweichung zu finden, und benutzt diese Abweichung, um die Aktion zu steuern.

* *
* *

Die Hierarchie in einer Systemstruktur kann wie folgt zusammengefaßt werden:

geschlossene Systemgrenze

   Struktur der Rückkopplungsschleifen

      Substruktur der Zustände und Raten

         Ziel, Zustand, Abweichung und Aktion als Subsubstruktur der Raten.

5. Die Gleichungen und ihre rechnerische Lösung

In Abschnitt 2 wurde Rechenbeispielen zur Simulation des Verhaltens verschiedener Systeme nachgegangen. Dabei wurden Modelle benutzt, die die interessierenden Prozesse teilweise durch Gleichungen und teilweise durch verbale Darstellungen beschrieben. Verbale Darstellungen aber sind im allgemeinen unhandlich, platzraubend und von mangelnder Genauigkeit.
Bevor wir weiter auf die quantitative Darstellung dynamischer Systeme eingehen, benötigen wir eine Reihe klarer Konventionen, die als ein Mittel für das Verständlichmachen von Einzelheiten der Modellstruktur dienen. Die Konventionen werden in der Form von Gleichungen aufgestellt, die genau beschreiben können, welche Funktion jedes Element im Modell besitzt. Die Gleichungen sind eine Folgerung der Grundkonzepte der Systemstruktur, die in Abschnitt 4 diskutiert wurden. Viele der hier folgenden Einzelheiten sind jedoch willkürlicher Natur und sollten nur als eine die Kommunikation erleichternde Sprache betrachtet werden.

5.1 Rechenschritte

Für das Berechnen der zeitlich aufeinanderfolgenden Schritte im dynamischen Verhalten eines Systems benötigen wir standardisierte Reihenfolgen und eine Terminologie für das Kenntlichmachen der Vorgänge. Die Berechnung erfolgt in Zeitintervallen, wie in Fig. 5. 1a dargestellt. Der Zeichnung liegt die Annahme zugrunde, daß die Berechnungen zum Zeitpunkt 5 soweit abgeschlossen sind, daß die Systembedingung für die nächste Lösungsperiode 5 + DT berechnet werden kann. Das Symbol DT für die "Zeitdifferenz" wird für die Länge des Zeitintervalls zwischen den Berechnungen benutzt. Die Zahlen 5 und 6 in der Zeichnung stellen die Zeiteinheiten dar, die für die Definition des Systems benötigt werden. Das können zum Beispiel Wochen oder Monate sein;

das verwendete Lösungsintervall muß jedoch nicht notwendig mit der Maßeinheit für die Kalenderzeit übereinstimmen. Die Zeichnung zeigt eine Situation, bei der die Systemzustände in jeder Kalenderzeiteinheit viermal berechnet werden.

Wie in Fig. 5. 1a dargestellt, wird der Buchstabe "K" dazu benutzt, den Zeitpunkt zu fixieren, an dem die laufend wiederholte Berechnung erfolgt. Hier wird der Zeitpunkt 5 + DT mit "K" bezeichnet als der Punkt in der Zeitfolge, zu dem die laufende Berechnung erfolgt. Entsprechend wird der Buchstabe "J" zur Bezeichnung des Zeitpunktes, zu dem die letzte Berechnung erfolgte, und der Buchstabe "L" zur Kenntlichmachung des nächstfolgenden Berechnungszeitpunktes benutzt. Die Gleichungen sind so strukturiert, daß für keine anderen Zeitpunkte im Lösungsprozeß Berechnungen erfolgen müssen. Die Rechnungen sind auf den Zeitpunkt J, das Zeitintervall JK (von J bis K), den Zeitpunkt K und das Zeitintervall KL (von K bis L) beschränkt.

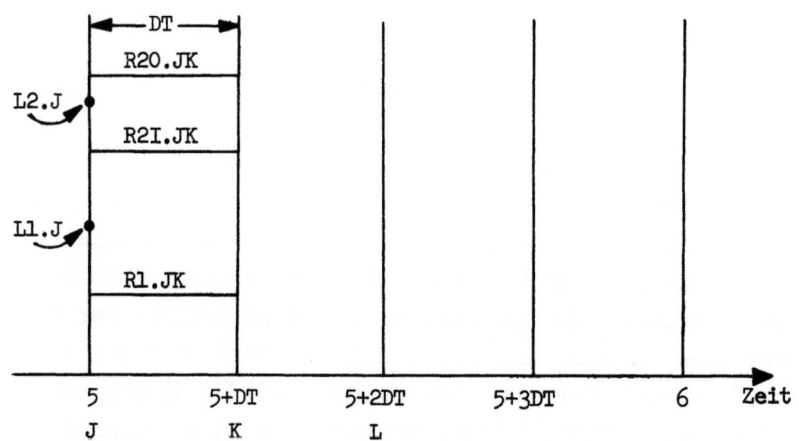

Fig. 5. 1a: Beginn einer neuen Rechenfolge

Zu Beginn der Berechnung im Zeitpunkt K sind aus den vorangegangenen Rechnungen die Zustandsgrößen zum Zeitpunkt J und die im Zeitraum JK stattgefundenen Zustandsveränderungen (Flußgrößen) bekannt. In Fig. 5. 1a repräsentieren die Größen L1.J und L2.J zwei Werte von Zustandsgrößen zum Zeitpunkt J[1]. Daneben sind drei Ströme (Raten) im Zeitraum JK dargestellt.

Die Flußrate R1.JK fließt in den Systemzustand L1 und ist die einzige Rate, die die Statusvariable L1 beeinflußt. Die Rate R2I.JK fließt in den Systemzustand L2; die Rate R2O.JK dagegen stellt den Abfluß vom Systemzustand L2 dar.

Die Flußraten werden in den Zeiteinheiten des Systems, wie DM/Woche (in Fig. 5. 1a ist die Zeiteinheit das Intervall zwischen 5 und 6), und nicht in Termini des Lösungsintervalls DT ausgedrückt. Die Wahl eines Lösungsintervalls DT ist ein technisches Problem und wird später behandelt. Es kann gewöhnlich erst festgelegt werden, nachdem das Modell schon in seinen zeitlichen Dimensionen, die für das zu repräsentierende reale System sinnvoll sind, bestimmt ist.

In Fig. 5. 1a sind sämtliche Informationen enthalten, die zur Berechnung aller neuen Werte der Zustandsgrößen zum Zeitpunkt K benötigt werden. Die neuen Werte der Raten für das Intervall KL dagegen können noch nicht angegeben werden, da die Zustandsgrößen zum Zeitpunkt K noch nicht bekannt sind. Die konstanten Flußraten im Intervall JK, die von den Zustandsgrößen abhängen, beginnen zum Zeitpunkt J und bewirken eine gleichmäßige Änderung der Systemzustände über das gesamte Lösungsintervall DT. Die neuen Werte der Systemzustände ergeben sich, wenn man zu oder von den alten Werten die Veränderungen, die durch die Raten repräsentiert werden, addiert bzw. subtrahiert. Die Änderungen ergeben

---

[1] Für die Zeitindizierung werden im allgemeinen Subskripte wie "L1j" benutzt. Aber da Subskriptbezeichnungen an den Druckern der Computer nur selten verfügbar sind, werden hier Postskripte, die dem Symbol der jeweiligen Variablen nach einem Punkt folgen, verwandt.

sich aus der Multiplikation von Raten und Lösungsintervall. Die Lagerbestandsänderung in einem Lösungsintervall von einer Woche (DT = 0,25), verursacht durch eine Produktionsrate von 800 Stück per Monat, würde zum Beispiel 200 Stück betragen. Alle Zustandsgrößen können auf diese Weise berechnet werden.

Die Reihenfolge der Berechnung spielt keine Rolle, da jede Zustandsgröße nur von ihrem alten Wert und von ihrer Veränderung im Intervall JK abhängt. Keine Zustandsgröße wird direkt von einer anderen Zustandsgröße beeinflußt. Wenn das Berechnen der Zustände abgeschlossen ist, so ergibt sich die in Fig. 5. 1b gezeigte Situation; sie zeigt die neuen Zustände für den Zeitpunkt K.

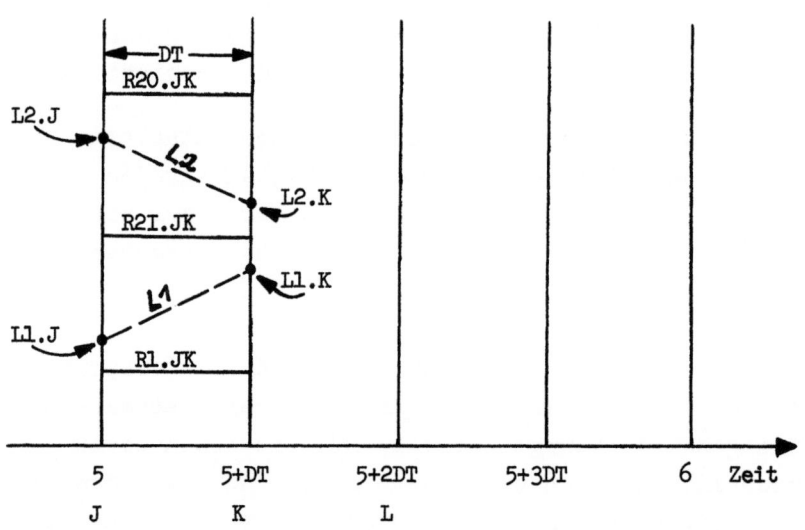

Fig. 5. 1b: Situation nach dem Berechnen der Systemzustände

Obwohl keine Werte permanent und zu jedem Zeitpunkt berechnet wurden, ausgenommen in den durch DT getrennten diskreten Lösungsintervallen, implizieren die Raten- und Zustandsgleichungen, daß die konstanten Raten kontinuierliche Zustandsänderungen bewirkt haben. In Figur 5. 1b ist dies in gestrichelten Linien dargestellt. Zustände erscheinen hier als kontinuierliche Kurven in Form von linear verbundenen Abschnitten, deren Steigungen sich jeweils an den Lösungspunkten ändern können.

Nur die gegenwärtigen Werte der Zustandsgrößen zum Zeitpunkt K werden benötigt, um die zukünftigen Raten, die die Aktionen im Lösungsintervall KL repräsentieren, zu berechnen. Die zukünftigen Aktionen basieren nur auf den laufend zum Zeitpunkt K verfügbaren Informationen. Sind alle Zustandsgrößen berechnet, so kann zu den Raten übergegangen werden. Die Reihenfolge, in der die Raten berechnet werden, ist bedeutungslos, da sie nicht voneinander abhängen. Alle Informationen, die zur Berechnung der Raten notwendig sind, können den Zustandsgrößen zum Zeitpunkt K entnommen werden.

Das Berechnen der neuen Raten ergibt die in Fig. 5. 1c gezeigte Situation. Die Flußraten werden über das Lösungsintervall als konstant angenommen und bewirken eine kontinuierliche Veränderung, die zum Lösungszeitpunkt zu einem neuen Wert führt. Die Lösungsintervalle werden so kurz gewählt, daß die schrittweise Diskontinuität in den Raten ohne Auswirkung bleibt.

Fig. 5. 1c zeigt die Rechenergebnisse zum Zeitpunkt K:

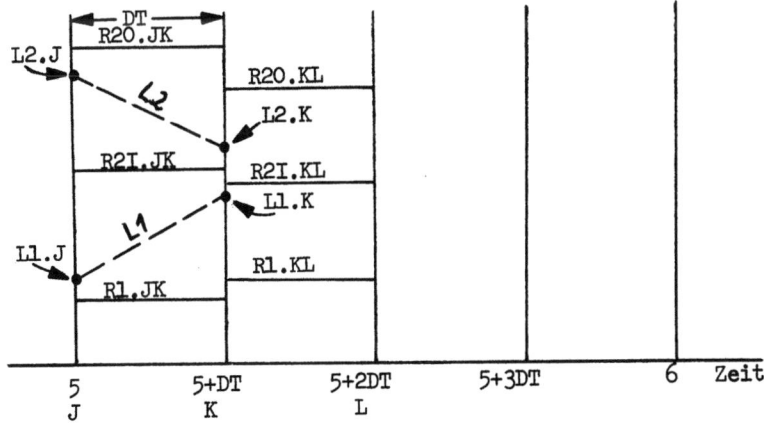

Fig. 5. 1c: Situation nach dem Berechnen der Raten

Der ganze Prozeß wird nun für den nächsten Zeitpunkt wiederholt. Man tut dies, indem man zunächst die Zeitsymbole J, K und L um ein Lösungsintervall nach vorn verschiebt, wie aus Fig. 5. 1d zu ersehen ist:

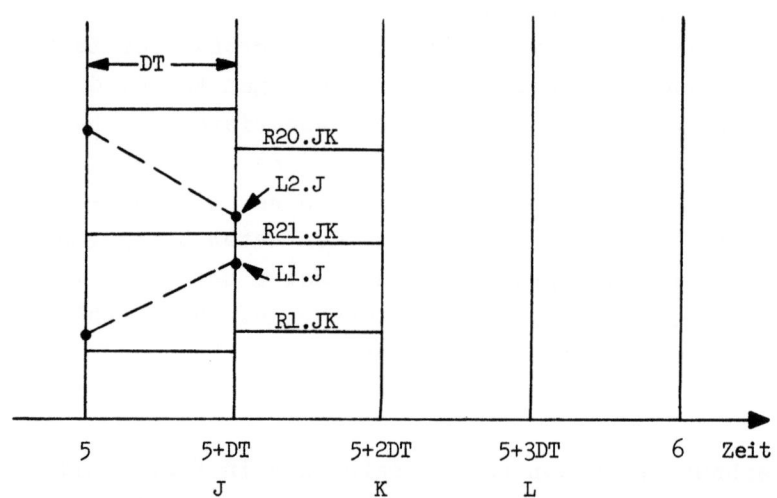

Fig. 5. 1d: Für das nächste Lösungsintervall verschobene Zeitsymbole

Die Systemzustände sind entsprechend der neuen Lage von K dieselben wie in Fig. 5. 1a. Die K-Zustände sind zu J-Zuständen und die KL-Raten sind zu JK-Raten geworden. Die Zustandsgrößen zum Zeitpunkt J und die Raten für das Intervall JK sind verfügbar; die neuen Werte der Statusgrößen können somit berechnet werden.

Eine Variation der Zustands-Raten-Berechnungsfolge bei Simulationsreihen gibt es auch für den Anfangszeitpunkt t=0. Die Anfangswerte aller Systemzustände müssen gegeben sein. Die Raten vor dem Zeitpunkt t=0 sind unwesentlich. Ausgehend von den bereits verfügbaren Zustandswerten beginnt der Rechenvorgang mit dem Ermitteln der Raten für das Intervall von t=0 bis t=0+DT. Danach folgt der oben beschriebene Rechenzyklus:

Systemzustände - Raten - Systemzustände.

(Aufgaben hierzu s. Abschn. 5.1 des Anhanges)

5.2 Gleichungssymbole

Die Variablen und Konstanten in den Gleichungen werden
durch Symbole (Abkürzungen) repräsentiert. Praktische
Gründe sprechen dafür, genormte Symbole zu verwenden.
Das Format des standardisierten Symbols sollte genügend
Variationsmöglichkeiten erlauben; das Symbol hat eine
augenscheinliche Beziehung zur Quantität, die es versinnbildlicht. Andererseits sollte die maximale Länge der
Buchstabengruppe, die für ein einziges Symbol benutzt
wird, begrenzt bleiben, um das Programmieren zu erleichtern. Die Drucker der Computer können weder Potenzen noch
Indices in der üblichen Form schreiben. Deshalb müssen
diese Symbole aus Zeichen zusammengesetzt werden, die auf
gleicher Höhe mit den Abkürzungen für die Variablen
stehen.
Um den verschiedenen Anforderungen zu genügen, wird in
diesem Text eine genormte Symbolbeschreibung benutzt.

> Ein Symbol zur Darstellung einer Konstanten
> oder Variablen sollte eine Gruppe von sechs
> oder weniger Zeichen enthalten; dabei müssen
> die ersten Zeichen Buchstaben sein.

Bei den Variablen kommen noch Zeitangaben hinzu, die den
Grundsymbolen nach einem Punkt als Postskripte folgen.
Zustandsgrößen haben nur den Buchstaben J oder K, der jeweils den Zeitpunkt anzeigt, auf den sich der Wert bezieht. Standardisierte Symbole für Zustandsgrößen können
wie folgt aussehen:

```
        A.J             PERS.J
        ABCDEF.K        LAG8.K
        B57L.J          B.J
        KASSE.K         BES5.K
```

Raten tragen die Zeitpostskripte JK oder KL, die das vor-
hergehende oder folgende Intervall bezeichnen. Sie können
etwa folgendes Aussehen haben:

```
FLUS3.JK        AS9P27.JK
RATE7.KL        EINRA.KL
V.JK            MH.KL
```

Konstante besitzen keine Zeitangaben; in den Gleichungen erscheinen sie etwa in den folgenden Formen:

```
AT              D
BCD             D27
EFFY8C          MPM
```

Der DYNAMO-Compiler dient zur Simulation des Modellverhaltens und ist in Übereinstimmung mit den vorhergehenden Symbolvereinbarungen entworfen worden.

(Aufgaben hierzu s. Abschn. 5.2 des Anhanges)

5.3 Zustandsgleichungen

Eine Zustandsgleichung repräsentiert ein Reservoir zur Akkumulation von Flußraten, die das Reservoir füllen oder entleeren. Der neue Wert des Systemzustandes wird errechnet, indem man die während des Lösungsintervalls stattgefundene Änderung zum alten Wert addiert oder von diesem subtrahiert. Ein Systemzustand mit einem Zu- und Abfluß kann dann mit der folgenden Gleichung beschrieben werden:

$$Z.K = Z.J + (DT)(ZR.JK - AR.JK) \qquad \text{GL. 5.3-1, L}[1)$$

    Z = Zustandsgröße (Einheiten)
  Z.K = neuer Wert des Systemzustandes zum Zeitpunkt K (Einheiten)
  Z.J = Wert im vorangegangenen Zeitpunkt J (Einheiten)
   DT = Länge des Lösungsintervalls zwischen J und K (Zeit)
   ZR = Zuflußrate (Einheiten/Zeit)
ZR.JK = Zufluß im Intervall JK (Einheiten/Zeit)
   AR = Abflußrate (Einheiten/Zeit)
AR.JK = Abfluß im Intervall JK (Einheiten/Zeit)

Jede beliebige Anzahl von Raten kann zu einer Zustandsgröße addiert oder von dieser subtrahiert werden. Dies ist die einzig zulässige Variationsmöglichkeit in der standardisierten Zustandsgleichung. Die rechte Seite der Gleichung muß den zuletzt berechneten Wert der Zustandsgröße und das Lösungsintervall DT als Multiplikator der Flußraten enthalten. Die Zustandsgleichung ist der einzige Gleichungstyp, der das Lösungsintervall DT enthält.

Das Lösungsintervall DT ist ein Parameter des Rechenprozesses und kein Parameter des realen Systems, das vom Modell abgebildet wird. Die in "Einheiten/Zeit" gemessenen Flußraten (zum Beispiel DM/Stunde, Personen/Monat oder Kalorien/Sekunde) werden schritt- oder schichtenweise über

---

1) L steht hier für "level" = Zustandsgröße.

die aufeinanderfolgenden Zeitintervalle von der Länge DT akkumuliert. Das in Zeiteinheiten gemessene Lösungsintervall verwandelt die Flußraten in eine Menge des variablen Zustandes. Das Produkt aus Flußrate und Zeit sorgt dafür, daß zu dem Wert der Zustandsgröße dimensionsgerechte Werte addiert werden. Das Lösungsintervall kann geändert werden (es darf jedoch nicht zu groß werden), ohne daß dadurch die Modellgültigkeit berührt wird.

Alle anderen Gleichungen im Modell sind in Termini der im realen System verwendeten Grundzeiteinheit formuliert. Das Lösungsintervall sollte in keinen anderen Gleichungen als in Zustandsgleichungen erscheinen.

* *
* *

Prinzip 5.3-1   **Lösungsintervall DT nur in Zustandsgleichungen**

Das Lösungsintervall wird mit den Raten multipliziert und ist wesentlich für die kumulierende (oder integrierende) Funktion der Zustandsgleichung. Alle anderen Gleichungen sollten in Termini des Zeitmaßes, das im entsprechenden Realsystem üblich ist, formuliert werden. Erst nach der Modellformulierung wird das Lösungsintervall ausgewählt, um die Stabilität des Rechenprozesses (diese ist streng von der Systemstabilität zu unterscheiden) selbst zu sichern.

* *
* *

Die Zustandsgleichung stellt den Integrationsprozeß dar. In Form einer Differentialgleichung würde die Beziehung 5.3-1 wie folgt geschrieben werden:

$$Z = Z_o + \int_o^t (ZR - AR)\, dt \qquad \text{GL. 5.3-2}$$

Z = Wert der Zustandsgröße zu jedem Zeitpunkt (Einheiten)

Z_o = Anfangswert der Zustandsgröße zum Zeitpunkt t=0

$\int_o^t$ = Integral in der Zeit t=0 bis t=t von der Differenz der Flußraten (ZR - AR)

ZR = Zuflußrate

AR = Abflußrate

dt = Differentialoperator, der die infinitesimale Zeitdifferenz darstellt, mit der die Flußraten multipliziert werden (dt entspricht dem gröberen Zeitabschnitt, der durch DT dargestellt wird)

Gleichung 5.3-1 wird in der Mathematik der schrittweisen Integration auch als Differenzengleichung erster Ordnung bezeichnet.

(Aufgaben hierzu s. Abschn. 5.3 des Anhanges)

5.4 Ratengleichungen

Die Ratengleichungen legen fest, wie die Flüsse im System kontrolliert werden. Die Systemzustände und die Konstanten sind die Inputgrößen der Ratengleichungen. Der Output einer Rategleichung kontrolliert den Fluß zu, von und zwischen den Zustandsgrößen.

Gemäß der Zeitindizierung in Abschnitt 5.1 werden die Ratengleichungen zum Zeitpunkt K, unter Benutzen der Information über die Systemzustände zum Zeitpunkt K, berechnet, um so die Flußraten für die folgende Periode KL zu erhalten.

Die Ratengleichung hat die Form

$$R.KL = f \text{ (Zustände und Konstanten)}, \quad GL.\ 5.4\text{-}1$$

wobei die rechte Seite eine Funktion oder Beziehung von Zustandsgrößen und Konstanten enthält, welche die die Rate kontrollierende Entscheidungsregel beschreibt. Unter Benutzen der hier aufgestellten Konventionen können die Gleichungen aus Abschnitt 2 nun in ihre richtige Form gebracht werden.

Gleichung 2.2-1 wird zu:

$$BR.KL = \frac{1}{AZ} \ (GL - L.K) \qquad GL.\ 5.4\text{-}2 \ \ R[1)$$

Gleichung 2.3-1 wird zu:

$$LR.KL = \frac{BW.K}{LV} \qquad GL.\ 5.4\text{-}3 \ \ R$$

Gleichung 2.4-1 wird zu:

$$ER.KL = \frac{1}{VZ} \ (V.K) \qquad GL.\ 5.4\text{-}4 \ \ R$$

---

1) R steht hier für "Rate".

Im Gegensatz zu den Zustandsgleichungen sind bei den Ratengleichungen keine Restriktionen zu beachten. Ausgenommen sind drei Verbote, die in den vorangegangenen Abschnitten schon erwähnt wurden:

1. Eine Ratengleichung sollte nie das Lösungsintervall DT enthalten. Außer bei den Zustandsgleichungen hat das Lösungsintervall keine Bedeutung beim Formulieren der Modellgleichungen.
   Das Lösungsintervall entsteht aus dem schrittweisen Rechenprozeß und ist die einzige in den Gleichungen auftretende Größe, die im Realsystem, das vom Modell repräsentiert wird, keine Bedeutung hat.

2. Auf der rechten Seite der Gleichung sollten nur Zustandsgrößen und Konstanten, aber keine Flußgrößen stehen.

3. Die linke Seite der Gleichung enthält die durch die Gleichung definierte Flußvariable. Der Wert der Rate bezieht sich auf das Intervall KL, das sich unmittelbar dem Zeitpunkt K, zu dem die Berechnung erfolgte, anschließt.

Die Ratengleichungen sind Entscheidungsregeln, die angeben, wie die Entscheidungen getroffen werden. Die Entscheidungsregel (Ratengleichung) ist eine allgemeine Anweisung, die angibt, wie die laufenden Informationen in eine Entscheidung (oder einen Fluß oder einen gegenwärtigen Aktionsstrom - alles synonyme Ausdrücke) umgewandelt werden können. Die Ratengleichungen geben Auskunft darüber, wie sich das System kontrolliert.

Die Worte "POLICY" (Entscheidungsregel) und "Entscheidung" werden hier in einem weiteren Sinne als es der allgemeinen Bedeutung des Wortes entspricht gebraucht. Sie umfassen mehr als menschliche Entscheidungen und schließen Kontrollprozesse mit ein, die der Systemstruktur, aber auch der Gewohnheit und der Tradition implizit sind. Eine Ratengleichung (oder Entscheidungsregel) könnte zum Beispiel beschreiben, wie der Fluß in einem Rohr von der Ventilstellung und dem unterschiedlichen Ventildruck abhängt. Eine Ratengleichung könnte auch die subjektive und intuitive aus Zwangssituationen resultierende Reaktion bei den Mitgliedern einer Organisation zum Ausdruck bringen. Oder eine Ratengleichung könnte eine explizite Entscheidungsregel repräsentieren, die den Informationsstrom in einem realen System, wo die Prozesse automatisch über Computerprogramme gesteuert werden, lenkt.

Die Ratengleichungen sind detaillierter als die Zustandsgleichungen. Sie halten unsere Erkenntnisse über reale Systementscheidungen fest, indem sie zeigen, wie das System auf die den Entscheidungspunkt umgebende Umwelt reagiert.

(Aufgaben hierzu s. Abschn. 5.4 des Anhanges)

5.5 Hilfsgleichungen

Eine Rategleichung wird oft klarer und ihre Bedeutung wird besser hervorgehoben, wenn man sie aufspaltet und ihre Teile durch separate Gleichungen ausdrückt. Diese Teile werden hier als Hilfsgleichungen bezeichnet.

Das Vorhandensein von Hilfsgleichungen in einem Modell widerspricht nicht dem Grundgedanken, daß sich die Struktur eines Systems nur aus Zustands- und Flußgrößen zusammensetzt. Die Hilfsgleichungen sind lediglich algebraische Bestandteile der Raten.

Nehmen wir zum Beispiel an, der gewünschte Lagerbestand in der Gleichung für eine Bestellrate ist eine von der durchschnittlichen Verkaufsrate abhängige Variable. Die Gleichung für die Bestellrate und die Hilfsgleichung für den gewünschten Lagerbestand können dann wie folgt geschrieben werden:

$$BR.KL = \frac{1}{AZ} (GL.K - L.K) \qquad GL. \ 5.5-1 \quad R$$

$$GL.K = (GLD)(DVR.K) \qquad GL. \ 5.5-2 \quad A^{1)}$$

$\quad$ BR = Bestellrate (Einheiten/Woche)
$\quad$ AZ = Anpassungszeit (Wochen)
$\quad$ GL = gewünschter Lagerbestand (Einheiten)
$\quad$ L = Lagerbestand (Einheiten)
$\quad$ GLD = gewünschte Lagerdauer (Wochen)
$\quad$ DVR = durchschnittliche Verkaufsrate (Einheiten/Woche)

In Gleichung 5.5-2 ist GLD eine Konstante. Ihr Wert drückt aus, für wie lange Zeit in Wochen der gewünschte Lagerbestand bei den gegebenen durchschnittlichen Verkäufen angelegt ist. Die durchschnittliche Verkaufsrate DVR ist eine Zustandsgröße. Gleichung 5.5-2 kann in Gleichung 5.5-1 eingesetzt werden. Als Ergebnis erhält man die folgende Rategleichung, die nur von Zustandsgrößen und von Konstanten abhängt:

$$BR.KL = \frac{1}{AZ} (GDL)(DVR.K) - L.K \qquad GL. \ 5.5-3 \quad R$$

---

[1] A steht hier für "Auxiliary" = Hilfsgröße.

Die Hilfsgleichung ist hier in der Ratengleichung aufgegangen.

Hilfsgleichungen müssen nach den Zustandsgleichungen, von denen sie abhängen und vor den Ratengleichungen, in die sie eingehen, gelöst werden. Beim Vorhandensein von Hilfsgleichungen, was in der Regel der Fall ist, ergibt sich somit folgende Rechenfolge: Zustandsgrößen, Hilfsgrößen, Flußgrößen.

Anders als bei den Zustands- und Flußgrößen können Hilfsgleichungen von anderen Hilfsgleichungen in einer Kette abhängen. Aus Gründen der Übersicht ist es jedoch angebracht, diese Gleichungen in einer bestimmten Weise anzuordnen. Betrachten wir dazu die Gleichungen aus Abschnitt 2.5, die im Folgenden mit den richtigen Zeitindices geschrieben werden sollen:

$$ER.KL = \frac{1}{VZ} (PV.K - V.K) \qquad GL. \ 5.5\text{-}4 \quad R$$

$$PV.K = B.K/GPV \qquad GL. \ 5.5\text{-}5 \quad A$$

$$B.K = (GA.K)(GPU) \qquad GL. \ 5.5\text{-}6 \quad A$$

$$GA.K = (V.K)(VE.K) \qquad GL. \ 5.5\text{-}7 \quad A$$

$$VE.K = TABLE \ (TVE, WLV.K, 0,6,5) \qquad GL. \ 5.5\text{-}8 \quad A$$

In diesem Gleichungssystem erscheint die erste Funktion wegen ihrer Zeitbezeichnung KL als Ratengleichung. Die anderen Gleichungen definieren Hilfsgrößen; sie haben, wie die Zustandsvariablen, den Zeitindex K, unterscheiden sich aber von diesen in ihrer Form. Gleichung 5.5-8 ist kein algebraischer Ausdruck, sondern eher eine quantifizierte Hypothese, die aussagt, daß die Verkaufseffektivität VE eine Funktion der wahrgenommenen Lieferverzögerungen WLV ist. Es handelt sich hier um eine Schreibweise, die beim DYNAMO-

Compiler für Tabellenfunktionen benutzt wird.

TVE (Tabelle der Verkaufseffektivität) ist die Bezeichnung für die Tabelle, die die Werte der in Fig. 2.5c abgebildeten Funktion enthält. Die Zahlen im Klammerausdruck geben die Skalierung von WLV an; d.h., die totale Wertespanne der Tabelle von 0 bis 6 (Monaten) und ihre Einteilung in Abschnitte von jeweils 0.5 (Monaten).

Ausgehend von der letzten Gleichung (GL. 5.5-8) können alle Hilfsgleichungen schrittweise in die Rategleichung überführt werden. Angefangen bei den Werten der Zustandsgrößen WLV und V sollten die Hilfsgleichungen in der Reihenfolge VE, GA, B und PV gelöst werden. Liegen miteinander verbundene Ketten von Hilfsgleichungen vor, so sollten sie in der Reihenfolge ausgewertet werden, die eine sukzessive Substitution erlaubt. In einem richtig formulierten Gleichungssystem wird eine solche Folge immer existieren. Eine Rückkopplungsschleife, die ausschließlich aus Hilfsgrößen besteht, impliziert ein System von simultanen Gleichungen. Eine Lösung hierfür existiert nicht; die Hilfsgrößen stellen in diesem Fall keine Verbindungen mehr zwischen den Zustands- und den Rategleichungen dar. Derartige Schleifen von Hilfsgleichungen, auch als Totschleifen bezeichnet, werden vom DYNAMO-Compiler aufgefunden und als Systemfehler ausgewiesen.

(Aufgaben hierzu s. Abschn. 5.5 des Anhanges)

5.6 Gleichungen für Konstante und Anfangswerte

<u>Konstante</u>

Einer Konstanten, repräsentiert durch einen symbolischen Namen, wird mit einer Definitionsgleichung ein numerischer Wert zugeordnet. Gleichungen von Konstanten tragen die Bezeichnung C hinter der Gleichungsnummer. Eine Konstante hat kein Zeitpostskript, da sie nicht mit der Zeit variiert.

$$XY.K = (AB)(Z.K) \qquad \text{GL. 5.6-1} \quad A$$

$$AB = 15 \qquad \text{GL. 5.6-1.1} \quad C$$

Der Wert der Konstanten AB wird durch die Gleichung 5.6-1.1 angegeben. Die Gleichungsnummer bei Konstanten wird als dezimale Unterteilung der Gleichungsnummer, bei der die Konstante erstmals erscheint, angegeben.

<u>Errechnete Anfangskonstante</u>

Es ist oft nützlich, eine Konstante in Termini einer anderen auszudrücken, wenn erstere von der letzteren abhängt und wenn die erstere sich in einem Simulationslauf, in dem der letzteren ein neuer Wert gegeben wird, ändern soll. Es sei angenommen, die Konstante CD ist immer das 14-fache des Wertes von AB. Die Konstante AB ist durch die Gleichung 5.6-1.1 C gegeben und ihr Wert soll vom ursprünglichen Wert 15 alterieren können. Dann kann CD wie folgt definiert werden:

$$CD = (14)(AB) \qquad \text{GL. 5.6-2.1} \quad N[1)]$$

Die Typenbezeichnung N (sie ist dieselbe, wie bei den Gleichungen, die die Anfangswerte definieren) zeigt an, daß die Gleichung nur einmal, und zwar zu Beginn der Simulation, berechnet werden muß, denn Konstanten sind ihrem Wesen und ihrer Definition entsprechend Größen, deren Werte sich in einem Simulationslauf nicht ändern. Die Gleichungsnummer sollte auch

---

1) N steht hier für "iNitial".

hier eine Dezimaleinheit jener Gleichungsnummer sein, bei der diese Konstante zuerst erscheint. So wird CD zum Beispiel erstmals in Gleichung 5.6-2 (hier nicht angeführt) benutzt.

Anfangswertgleichungen

Allen Zustandsgleichungen müssen zum Start der Computersimulation Anfangswerte zugeordnet werden. Diese Zustandsvariablen stellen die vollständigen, für die Bestimmung der folgenden Flußgrößen notwendigen Systembedingungen dar. Die gesamte Systemgeschichte, die gegenwärtige Aktionen beeinflußt, wird von den aktuellen Werten der entsprechenden Zustandsvariablen repräsentiert. Es ist somit nur die Art der Systemgeschichte zum gegenwärtigen Zeitpunkt, von der ein Einfluß ausgehen kann. Erinnerungen an die Vergangenheit werden mit der Zeit verwischt und modifiziert. Es ist die augenblickliche Version der Geschichte, wie sie in den gegenwärtigen Werten der Systemzustände repräsentiert ist, die die augenblickliche Aktion bestimmt. Für die Flußvariablen brauchen und sollten keine Anfangswerte gegeben werden, da sie hinreichend durch die Anfangswerte der Zustandsvariablen determiniert sind.

Aus den Anfangswerten der Zustandsvariablen können die Flußraten, die dem Zeitpunkt $t=0$ unmittelbar folgen, errechnet werden, und mittels der Anfangswerte und der Raten können die neuen Werte der Zustandsgrößen am Ende des ersten Zeitschrittes errechnet werden. Die Gleichung für einen Anfangswert trägt die Bezeichnung N. Ein Zeitpostskript wird nicht benutzt. Auf der rechten Seite dieser Gleichung stehen numerische Werte, symbolisch angezeigte Konstante und die Anfangswerte anderer Zustandsgrößen. Zwei oder mehrere Anfangswerte können nicht voneinander abhängen, da das Ergebnis unbestimmt wäre. Die Gleichung für einen Anfangswert folgt zweckmässig unmittelbar hinter der entsprechenden Zustandsgleichung:

$$PT.K = PT.J + (DT)(M.JK - N.JK) \qquad \text{GL. } 5.6\text{-}3 \quad L$$

$$PT = 8 \qquad \text{GL. } 5.6\text{-}3.1 \quad N$$

Die Nummer der Gleichung erscheint auch hier als eine Dezimale der Nummer der Zustandsgleichung wie hier in Gleichungen 5.6-3 L und 5.6-3.1 N.

Es ist auch zulässig, die Gleichung für den Anfangswert in Termini von Konstanten zu schreiben, zum Beispiel:

$$PT = (3)(CD) \qquad \text{GL. } 5.6\text{-}3.2 \quad N$$

$$PT = AB \qquad \text{GL. } 5.6\text{-}3.3 \quad N$$

Es ist eindeutig und erlaubt, einen Anfangswert einer Zustandsgleichung durch den Anfangswert einer anderen Zustandsgleichung zu definieren, solange der letztere vom ersteren unabhängig ist. So ist zum Beispiel der folgende Anfangswert durch den Anfangswert in Gleichung 5.6-3.1 N bestimmt:

$$RS.K = RS.J + (DT)(ML.JK - NL.JK) \qquad \text{GL. } 5.6\text{-}4 \quad L$$

$$RS = PT \qquad \text{GL. } 5.6\text{-}4.1 \quad N$$

(Aufgaben hierzu s. Abschn. 5.6 des Anhanges)

6. Zur Modellkonzeption

Die Abschnitte 3 bis 8 vermitteln Grundlagen für das Verständnis von Abschnitt 9, der sich wieder mit dem Verhalten von Systemen beschäftigt. Das vorliegende Kapitel behandelt die Dimensionen, das Lösungsintervall, die Bedeutung der Feinteilung der Rechenschritte für den breiteren Spielraum der dynamischen Veränderungen, die im Modell vorkommen, und die Beziehung zwischen Differential- und Integralgleichungen, die hier benutzt werden.

6.1 Dimensionen

Beide Seiten einer Gleichung müssen die gleichen Dimensionen haben. Man kann nicht Äpfel und Birnen addieren. Die "Dimensionsanalyse" sagt, daß nur gleiche Ausdrücke miteinander kombiniert werden können und zeigt, wie die Dimensionierung in spitzfindigeren Situationen vorzunehmen ist.

Die Identität der Dimensionen kann in jeder der bisher diskutierten Gleichungen festgestellt werden. Betrachten wir zum Beispiel die Gleichung für die Produktionskapazität eines Betriebes, die einem der folgenden Beispiele entnommen wurde:

$$PK.K = PK.J + (DT)(IN.JK)$$

PK = Produktionskapazität (kg/Monat)
DT = Lösungsintervall (Monate)
IN = Investitionen (kg/Monat/Monat)

Es handelt sich hier um eine Gleichung, die einen Systemzustand beschreibt. Sie besagt, daß die Produktionskapazität zum Zeitpunkt K (t) gleich der Produktionskapazität zum Zeitpunkt J (t-1) plus den Investitionen im Zeitintervall DT (JK) ist. Die Kapazitätsexpansion wird mit dem Produkt aus den Investitionen IN und der Länge des Zeitintervalls DT angegeben. Die Rate IN kann auch negative Werte annehmen; sie repräsentiert dann Desinvestitionen. In Termini der Dimensionen ausgedrückt hat die Gleichung die folgende Form:

$$\frac{kg}{Monate} = \frac{kg}{Monat} + (Monate) \frac{kg/Monat}{Monat}$$

Die Maßeinheiten in einer Dimensionsgleichung werden in derselben Weise gehandhabt und vereinfacht, wie die algebraischen Symbole. Im letzten Ausdruck dieser Gleichung kann das erste "Monats"-Maß gegen den "Monat" im Nenner gekürzt werden, so daß der Ausdruck "kg/Monat" übrig bleibt; dieser Ausdruck hat die gleiche Dimension wie der Ausdruck auf der linken Seite und der erste Ausdruck auf der rechten Seite der Gleichung.

In ähnlicher Weise müssen alle Typen von Gleichungen dimensionsgerecht gemacht werden. Die folgende Hilfsgleichung, die die Lieferverzögerung in Abhängigkeit vom Auftragsbestand und der Produktionsrate definiert, veranschaulicht das hier Gesagte nochmals:

$$LV.K = AB.K/DLR.K$$

LV = Lieferverzögerung (Wochen)
AB = Auftragsbestand (Kfz)
DLR = durchschnittliche Lieferrate (Kfz/Woche)

Die zugehörige Dimensionsgleichung hat das folgende Aussehen:

$$Wochen = \frac{Kfz}{Kfz/Woche} = Kfz \left(\frac{Wochen}{Kfz}\right) = Wochen$$

* *
* *

Prinzip 6.1-1   **Dimensionsgleichheit**

In jeder Gleichung müssen beide Seiten in gleichen Dimensionen gemessen werden. Unterschiedliche Maßeinheiten sind ein Zeichen dafür, daß die Gleichung falsch formuliert wurde.

* *
* *

Bei einfachen Gleichungen und genauen Beschreibungen ist es offensichtlich, daß nur Ausdrücke mit gleichen Dimensionen addiert oder subtrahiert werden können. Aber oft wird weniger sorgfältig vorgegangen. Ausdrücke werden nicht genau definiert, und sehr schnell wird an sich nicht Vergleichbares miteinander verbunden. Die Dimensionsanalyse ist deshalb ein wichtiges Sicherheitsinstrument für den Modellbauer. Die Maßeinheiten für jede Variable und Konstante sollten explizit definiert und aufgeschrieben werden. Jede Gleichung sollte auf ihre interne Konsistenz hin überprüft werden. Nur Unerfahrene verzichten auf diese leichte und wirkungsvolle Selbstüberprüfung.

6.2 Lösungsintervall

In Abschnitt 5.1 wurden die Rechenschritte für ein dynamisches Modell beschrieben. Die Gleichungen werden zu jeweils denselben Zeitpunkten, die in Abschnitten von DT aufeinanderfolgen, berechnet. Das Lösungsintervall DT erscheint nur in Zustandsgleichungen (siehe Prinzip 5.3-1).

Die Länge des Lösungsintervalls ist von den kürzesten Zeitkonstanten, die im Modell enthalten sind, abhängig. Ein zu langes Lösungsintervall verursacht Instabilität, die aus dem Rechenprozeß und nicht aus dem System inherenten dynamischen Charakteristika erwächst. Ist das Lösungsintervall dagegen zu kurz, so werden die Gleichungen unnötig oft gerechnet; die Rechenzeiten werden länger.

Eine praktische Daumenregel sagt, daß das Lösungsintervall höchstens halb so lang sein sollte, wie das kürzeste Verzögerungsglied erster Ordnung im System. Die Richtigkeit dieser Regel kann sehr leicht an dem Verhalten einer Rückkopplungsschleife erster Ordnung überprüft werden. Zu diesem Zweck soll hier die einfache Rückkopplungsschleife aus Abschnitt 2.2 mit verschieden langen Lösungsintervallen durchgerechnet werden.

Fig. 6. 2a zeigt die Struktur dieser Schleife. Nur zwei Gleichungen beschreiben dieses einfache System; eine Ratengleichung, die die Entscheidungsregel für die Bestellrate festlegt und eine Zustandsgleichung, die den Lagerbestand darstellt. Mit den in Abschnitt 5 diskutierten Indices aber mit einfacher zu handhabenden numerischen Werten, können diese Gleichungen wie folgt geschrieben werden:

$$BR.KL = \frac{1}{AZ} (GL - L.K) \qquad GL. \ 6.2\text{-}1 \quad R$$

$$AZ = 1 \qquad GL. \ 6.2\text{-}1.1 \ C$$

$$GL = 1 \qquad GL. \ 6.2\text{-}1.2 \ C$$

$$L.K = L.J + (DT)(BR.JK) \qquad GL. \ 6.2\text{-}2 \quad L$$

$$L = 0 \qquad GL. \ 6.2\text{-}2.1 \ N$$

BR = Bestellrate (Einheiten/Woche)
AZ = Anpassungszeit (Wochen)
GL = gewünschter Lagerbestand (Einheiten)
L = Lager (Einheiten)
DT = Lösungsintervall (Wochen)

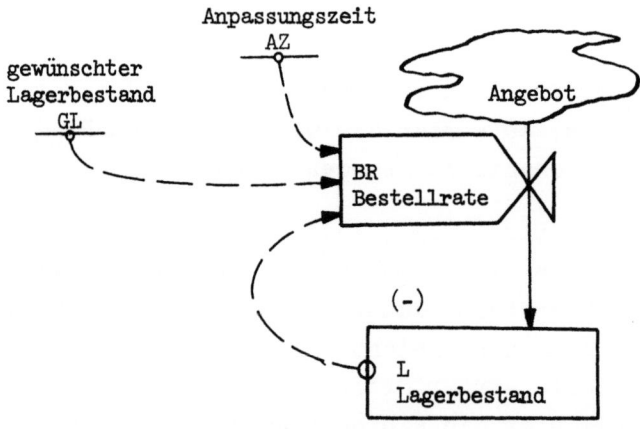

Fig. 6. 2a: negative Rückkopplungsschleife erster Ordnung mit Verzögerung = AZ

Die oben angeführten Gleichungen beschreiben das System vollständig. Sie definieren den ganzen Lösungsprozeß mit Ausnahme des Lösungsintervalls DT. Im folgenden soll nun gezeigt werden, welchen Einfluß die Länge des Lösungsintervalls auf die Rechenergebnisse hat. Gleichung 6.2-2.1 gibt den Ausgangswert für den Lagerbestand an. Der numerische Wert mag für die meisten Lagersituationen nicht realistisch erscheinen; er wurde aber so gewählt, um das Verhältnis von Lösungsintervall und Verzögerungskonstanter AZ deutlich zu machen. Ebenso wurden für die Verzögerung AZ und das Ziel GL Werte angenommen, die einen Vergleich erleichtern.

Bei einem Lageranfangsbestand von Null beträgt die erste Bestellrate nach Gleichung 6.2-1 eine Einheit per Woche. Diese Rate bleibt solange gleich bis der Rechenvorgang am Ende des ersten Lösungsintervalls wiederholt wird.
(Bei den folgenden Überlegungen wird davon ausgegangen, daß die "Einheiten" in der Gleichung jeweils in Tausend angegeben sind. Auf diese Weise erhalten die Bruchteile der Einheiten und die kurzen Zeitabschnitte - kleiner als eine Woche - eine sinnvolle Bedeutung).
Wenn das Lösungsintervall vor dem Berechnen eines neuen Lagerbestandes sehr kurz ist, so hat sich der Lagerbestand in diesem Zeitraum ebenfalls nur wenig erhöht. Ist das Lösungsintervall kürzer als eine Woche, so wird der Lagerbestand weiterhin unter dem gewünschten Niveau liegen, die Diskrepanz (GL - L.K) wird weiterhin positiv aber kleiner als zuvor sein, und die auf der neuen Diskrepanz basierende Bestellrate wird kleiner als die erste Rate sein. Je mehr sich der Lagerbestand dem vorgegebenen Ziel nähert, umso kleiner wird die Bestellrate.

Ist das Lösungsintervall jedoch eine Woche, so bleibt die anfänglich maximale Bestellrate so lange bestehen, bis der Lagerbestand den gewünschten Wert erreicht; die Diskrepanz verschwindet, und die neu errechnete Bestellrate hat von nun an immer den Wert Null. Wird das Lösungsintervall länger als

eine Woche, so wird der Lagerbestand den gewünschten Wert
übersteigen bevor eine neue Bestellrate errechnet wird.
Die Diskrepanz wird dann negativ, und die Bestellrate erhält eine andere Funktion (Rücksendung), um den Lagerbestand wieder auf das Zielniveau zurückzubringen.

Tabelle 6. 2a zeigt einen kleinen Ausschnitt der Rechenergebnisse, und zwar für ein Lösungsintervall von 0.2 Wochen
(= 1/5 AT):

Zeit	Lagerbestand	Bestellrate
0	0	1.000
.2	.200	.800
.4	.360	.640
.6	.488	.510

Tabelle 6. 2a: Lagerbestandsberechnung für DT = 0.2 und AZ = 1

Der Leser sollte den Rechenprozeß so lange durchgehen, bis der Zusammenhang mit den Systemgleichungen deutlich geworden ist.

Tabelle 6. 2b zeigt, wie die Berechnung des Lagerbestandes vom Lösungsintervall DT bestimmt wird. Die letzten sechs Spalten geben den Lagerbestand für sechs verschiedene Lösungsintervalle an. Die korrespondierende Bestellrate wurde nicht aufgeführt. Die erste Spalte enthält die Zeit und die zweite den gewünschten Lagerbestand GL, an den sich der tatsächliche Lagerbestand anpaßt. Die dritte Spalte ist eine Wiederholung und Erweiterung von Spalte 2 aus Tabelle 6. 2a und bezieht sich auf ein Lösungsintervall von .2. Es ist zu beachten, daß der Lagerbestand hier allmählich seinem Endwert zustrebt. Die Spalten 4 und 5 zeigen die Ergebnisse bei Lösungsintervallen von 0.4 und 0.8; die Anpassung erfolgt hier schneller. In Spalte 6 ist das Lösungsintervall gleich der Verzögerungskonstanten AT (= 1.0); hier erreicht der Lagerbestand den Zielwert am Ende der ersten Rechenperiode. Bei einem DT = 1.6

(1)	(2)	(3)	(4)	(5)	(6)	(7)	(8)
Zeit	GL	L für DT=.2	L für DT=.4	L für DT=.8	L für DT=1.0	L für DT=1.6	L für DT=2.4
.0	1.000	.000	.000	.000	.000	.000	.000
.2	1.000	.200					
.4	1.000	.360	.400				
.6	1.000	.488					
.8	1.000	.590	.640	.800			
1.0	1.000	.672			1.000		
1.2	1.000	.738	.784				
1.4	1.000	.790					
1.6	1.000	.832	.870	.960		1.600	
1.8	1.000	.866					
2.0	1.000	.893	.922		1.000		
2.2	1.000	.914					
2.4	1.000	.931	.953	.992			2.400
2.6	1.000	.945					
2.8	1.000	.956	.972				
3.0	1.000	.965			1.000		
3.2	1.000	.972	.983	.998		.640	
3.4	1.000	.977					
3.6	1.000	.982	.990				
3.8	1.000	.986					
4.0	1.000	.988	.994	1.000	1.000		
4.2	1.000	.991					
4.4	1.000	.993	.996				
4.6	1.000	.994					
4.8	1.000	.995	.998	1.000		1.216	-.960
5.0	1.000	.996			1.000		
5.2	1.000	.997	.999				
5.4	1.000	.998					
5.6	1.000	.998	.999	1.000			
5.8	1.000	.998					
6.0	1.000	.999	1.000		1.000		
6.2	1.000	.999					
6.4	1.000	.999	1.000	1.000		.870	
6.6	1.000	.999					
6.8	1.000	.999	1.000				
7.0	1.000	1.000			1.000		
7.2	1.000	1.000	1.000	1.000			3.744
7.4	1.000	1.000					
7.6	1.000	1.000	1.000				
7.8	1.000	1.000					
8.0	1.000	1.000	1.000	1.000	1.000	1.078	
8.2	1.000	1.000					
8.4	1.000	1.000	1.000				
8.6	1.000	1.000					
8.8	1.000	1.000	1.000	1.000			
9.0	1.000	1.000			1.000		
9.2	1.000	1.000	1.000				
9.4	1.000	1.000					
9.6	1.000	1.000	1.000	1.000		.953	-2.842
9.8	1.000	1.000					
10.0	1.000	1.000	1.000		1.000		

Tabelle 6. 2b: Lagerbestandsentwicklung, berechnet für Lösungsintervalle von 0.2, 0.4, 0.8, 1.0, 1.6 und 2.4 der Verzögerungskonstanten des Regelkreises

(Spalte 7) oszillieren die Lagerbestände mit abnehmenden Amplituden um den Zielwert. In Spalte 8, wo von einem Lösungsintervall von 2.4 (das ist mehr als das Zweifache der Verzögerungskonstanten) ausgegangen wurde, sind größer werdende Oszillationen bei den Lagerbeständen zu beobachten.

Die Figuren 6. 2b und 6. 2c zeigen dieselben Ergebnisse in graphischer Form. Die Lagerbestandskurven in Fig. 6. 2b beziehen sich auf Lösungsintervalle von 0.2, 0.4, 0.8, 1.0 und 1.6 mal AZ. Fig. 6. 2c hat eine andere Abszissenskala und veranschaulicht die Lagerbestandsentwicklung bei Lösungsintervallen von 0.4, 1.6 und 2.4; sie zeigt drei Verhaltensmuster der Rückkopplungsschleife erster Ordnung im Vergleich; gleichmäßige Annäherung, abnehmende Oszillationen und zunehmende Oszillationen.

Wie aus der Darstellung zu ersehen ist, beginnen alle Kurven mit derselben Steigung. Diese Steigung repräsentiert die Rate, die durch die Ausgangsbedingungen zum Zeitpunkt

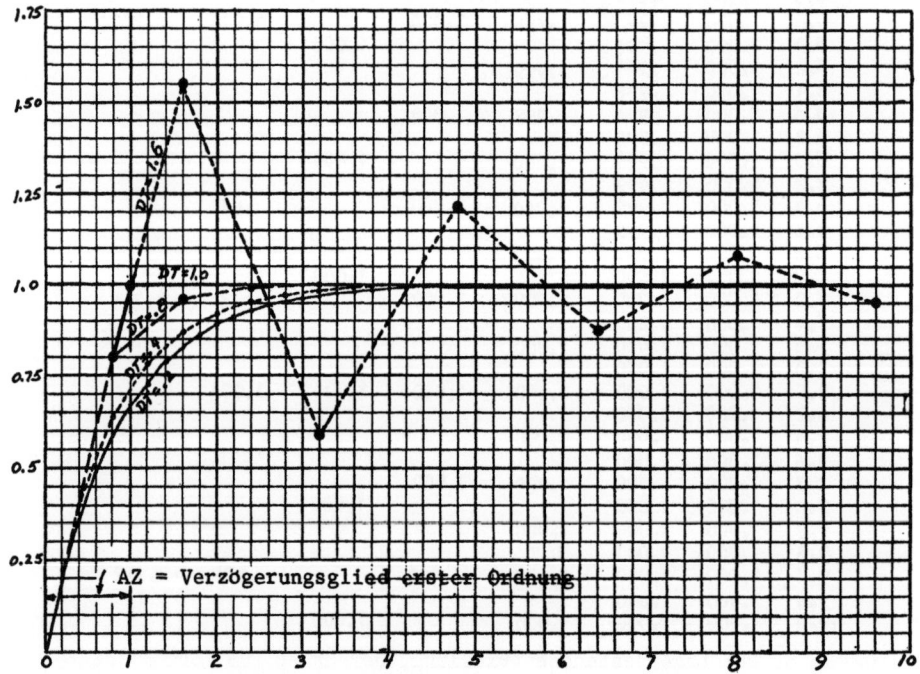

Fig. 6. 2c: Lagerbestandsentwicklung in Abhängigkeit vom Lösungsintervall DT

Z=0 definiert ist. Die Anfangsrate bleibt bis zum Ende des ersten Lösungsintervalls unverändert. Zu diesem Zeitpunkt wird ein neuer Lagerbestandswert errechnet, der wiederum die Grundlage für die neue Bestellrate ist.

Die Kurve für DT = 0.2 in Fig. 6. 2b entspricht nahezu einer Kurve, wie sie sich aus einem infinitesimal kleinen Lösungsintervall ergibt. Sie repräsentiert das mit den Systemgleichungen beabsichtigte Verhalten sehr gut. Ein Verdoppeln des Zeitintervalls bewirkt eine schnellere Zielanpassung des Lagerbestandes. Die Abweichung von der unteren Kurve wird jedoch in den meisten Simulationsmodellen nur eine vernachlässigbare Auswirkung haben. Die Kurve für DT = 1 ist ein Spezialfall; der Lagerbestand hat am Ende des ersten Lösungsintervalls genau seinen Endwert erreicht. Von hier ab bleibt der Lagerbestand konstant, da keine Differenz mehr zwischen aktuellem und gewünschtem Lagerbestand besteht, die eine weitere Lagerbestandsveränderung verursachen könnte. Die für negative Systeme erster Ordnung

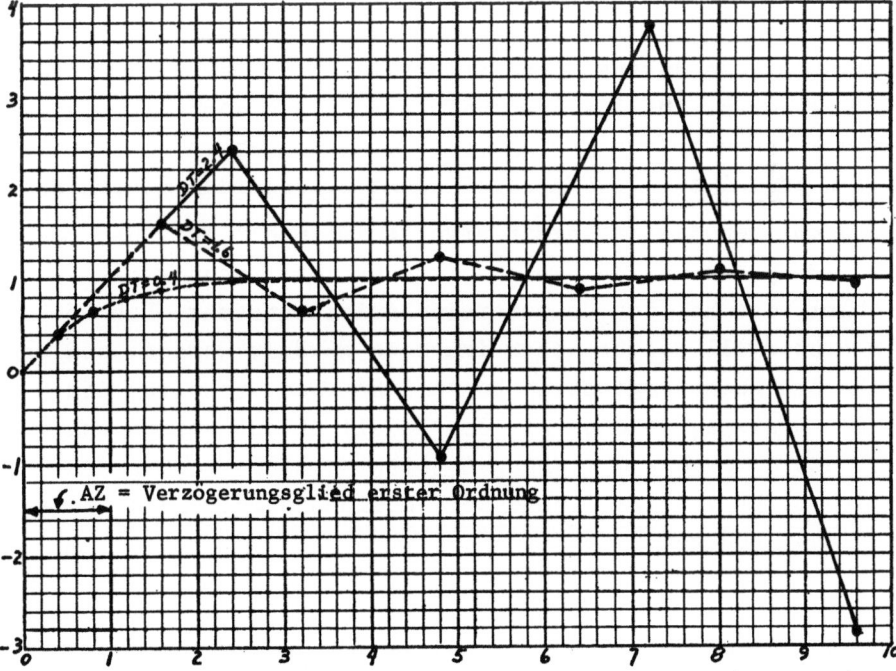

Fig. 6. 2c: Instabile Lagerbestandsentwicklung (DT > 2AZ)

charakteristische allmähliche Zielanpassung ist hier nicht mehr gegeben. Wird das Lösungsintervall länger als die Verzögerungskonstante, zum Beispiel DT = 1.6, so erzeugt der Rechenprozeß selbst Fluktuationen, die nicht dem Verhalten, das den Gleichungen adäquat ist, entsprechen.

* *
* *

> Prinzip 6.2-1   Länge des Lösungsintervalls
>
> In jedem Modell sollte das Lösungsintervall DT kürzer als die Hälfte des kürzesten Verzögerungsgliedes erster Ordnung sein; aber um Computerzeit zu sparen, sollte es nie weniger als ein Fünftel dieses Verzögerungsgliedes betragen.

* *
* *

Wird ein von dieser Regel abweichend kürzeres Lösungsintervall gewählt, so entstehen unnötig lange Rechenzeiten für das Modell. Ist das Lösungsintervall gleich der kürzesten Verzögerungskonstanten, so wird dieser Teil des Systems im Modell nicht richtig wiedergegeben. Wenn das Lösungsintervall länger als die kürzeste Verzögerungskonstante ist, so entstehen aufgrund dieser Systemverzögerung Oszillationen. Ist das Lösungsintervall gar doppelt so groß, wie die längste Verzögerungskonstante, so nehmen die Oszillationen zu und der Rechenprozeß führt zu absurden Ergebnissen.

Das Festlegen des Lösungsintervalls ist nicht Teil der Beschreibung des realen Systems, sondern ein technisches Problem, das bei der Computersimulation entsteht. Das Lösungsintervall sollte daher immer so gewählt werden, daß es nicht die Rechenergebnisse beeinflußt. Das Verhalten des realen Systems, welches mit dem Modell erfaßt werden soll, darf nur durch die Gleichungen selbst erzeugt werden und sollte nicht von der Dichte der aufeinanderfolgenden Rechenschritte abhängen.

6.3 Approximation

In den Abschnitten 4, 5 und 6 wurden die Einzelheiten des Rechenprozesses behandelt. Der Leser kann nun die detaillierte

Diskussion in einen Zusammenhang mit der rechnerischen
Verknüpfung von Raten- und Zustandsgleichungen bringen.
Der Rechenprozeß ist so gestaltet, daß die Zustandsgrößen
sich wie kontinuierliche Variable verändern. Obwohl die
Entwicklung der Zustandsgrößen durch die Verbindung linearer Teilstücke dargestellt ist und die Raten sich diskontinuierlich in Stufenform ändern, sorgt das ausreichend
kurze Lösungsintervall dafür, daß diese Diskontinuität im
Verhalten ohne Bedeutung ist und die Leistung des Systems
nicht berührt.

Erst, wenn das Lösungsintervall in Übereinstimmung mit dem
in Abschnitt 6.2 Gesagten kurz genug gewählt und die
Systemstruktur der alternierenden Zustands- und Flußgrößen,
gemäß Abschnitt 4.3, aufgebaut wurde, sollte man sich dem
Systemverhalten zuwenden. Ebenso wie in Fig. 2. 5d sollten
kontinuierlich verlaufende Kurven durch die nacheinander
ausgedruckten Punkte gezogen werden; dies gilt sowohl für
die Zustands-, als auch für die Flußgrößen.

6.4 Differentialgleichungen — ein Exkurs 1)

Integrationen (oder Akkumulationen) verschieben den Zeitcharakter einer Handlung, erzeugen Verzögerungen zwischen
den Aktionsströmen und verursachen das dynamische Verhalten von Systemen. Integrationen kommen sowohl in der physikalischen als auch in der biologischen Welt vor. Die Integrationsprozeße in der realen Welt werden in den hier diskutierten Modellen durch Zustandsgleichungen dargestellt.
Diese Zustandsgleichungen sind Differenzengleichungen
erster Ordnung und bei einem hinreichend kurzen Zeitintervall nahezu äquivalent mit dem kontinuierlichen Prozeß der
Integration.

---

1) Abschnitt 6.4 ist vor allem an jene Leser gerichtet, die
schon mit Differentialgleichungen gearbeitet haben.

Die meisten Untersuchungen, die sich mit der Mathematik dynamischer Systeme beschäftigt haben, wurden mit Hilfe von Differential- und nicht mit Hilfe von Differenzengleichungen durchgeführt. Fast die ganze Systemmathematik, die ursprünglich in den Natur- vor allem in den Ingenieurwissenschaften entwickelt wurde, ist in Differentialgleichungen gefaßt. Die Systembetrachtung mit Hilfe von Differenzengleichungen scheint viele Studenten in die Irre zu leiten und vermittelt ihnen nicht die richtige Verbindung zwischen der realen Welt und der Welt der Mathematik. Für jene Leser, die Systeme schon mit Hilfe von Differentialgleichungen betrachtet haben, soll dieser Abschnitt ergänzend die Bedeutung der Integralgleichung hervorheben.

Das Darstellen von Systemen mit Hilfe von Differentialgleichungen läßt oft nur schwerlich die Richtung der Kausalbeziehungen in den Systemen erkennen oder, was noch schwerwiegender ist, sie verleiten rein intuitive Leser zur Annahme von genau entgegengesetzten Ursache-Wirkung-Beziehungen. Betrachten wir zum Beispiel die Beziehungen zwischen Position, Geschwindigkeit und Beschleunigung. Definiert man die Geschwindigkeit als die Steigung oder erste Ableitung der über die Zeitachse aufgetragenen Positionskurve, so darf gefolgert werden, daß die Positionsveränderung für die Geschwindigkeit verantwortlich ist und nicht umgekehrt. Die Richtung der Kausalität wird hier noch deutlicher sichtbar, wenn man bei der Systembeschreibung von dem Faktor ausgeht, der die Beschleunigung verursacht, dann das Integral der Beschleunigung bildet, um so die Geschwindigkeit zu erhalten, und wenn man dann schließlich die Geschwindigkeit integriert, um zur Position zu gelangen. Die Darstellung eines Systems mit Hilfe von Integrationen vermittelt ein klareres Bild der Gleichwertigkeit von Modell und Realsystem. Eine derartige Betonung auf das Integrieren erscheint plausibel, wenn man berücksichtigt, daß alle Vorgänge in der Natur Integrationsprozesse sind. Nirgendwo in den Prozessen der Natur findet eine Differentiation statt. Eine richtige Differentiation verlangt, daß die Geschwindigkeit in jedem Augenblick gemessen werden kann. Dies ist jedoch unmöglich. Alle Kunstgriffe, die es scheinbar erlauben, die Geschwindigkeit zu messen, basieren in der Tat auf einem Integrationsprozeß, da immer die Differenz zwischen einer früheren und einer gegenwärtigen Position gemessen wird.

Mit Hilfe des "Differential Analyzer's"[1] kann die Natur des Integrationsprozesses enthüllt werden. Der "Differential Analyzer" ist ein mechanisch bedienbares oder elektronisch gesteuertes Hilfsmittel, das es gestattet, ein Verhalten, gemäß einem System von Differentialgleichungen, zu erzeugen. Die Art der Analyse basiert jedoch auf Integralen, so daß sie erst angewandt werden kann, nachdem die Differentialgleichungen in Integralgleichungen umgeformt worden sind.

Der schnellste und einfachste Weg, dynamische Systeme zu verstehen, scheint (mit Ausnahme für jene, die vollkommene Erfahrungen mit Differentialgleichungen haben) deshalb eher mit Modellen möglich zu sein, die auf der Integration aufbauen und das künstliche Konzept der Differentiation vermeiden.

---

1) Der "Differential Analyzer" (=Integrieranlage) wurde in den dreissiger Jahren von Vannevar Bush am M.T.I. entwickelt und dient zur Simulation von dynamischen Modellen.

 Bush, Vannevar: A differential Analyzer period, a new machine for solving differential equations, in: Journal of the Franklin Institute, Vol. 212, Nr. 4 pp. 447-488, Oktober 1931.

 Bush, Vannevar und Caldwell, S.A.: A new type of differential analyzer, in: Journal of the Franklin Institute, Vol. 240, Oktober 1945.

7. Flußdiagramme

Feedback-Systeme sind trügerisch. Ihre Strukturen und ihre dynamischen Implikationen sind schwer zu fassen und im Gedächtnis zu behalten. Man benötigt deshalb so viele Gesichtspunkte wie nur möglich. Aus jedem Blickwinkel mag man etwas sehen, was aus einer anderen Perspektive verborgen bleibt. Eine verbale Beschreibung ist eine Möglichkeit, ein System zu erfassen; Gleichungen, die das Verhalten von separaten Teilen beschreiben, sind eine andere. Um jedoch die Beziehungen zwischen den Teilen aufzuzeigen und die Schleifenstruktur des Systems zu akzentuieren, erscheint das Flußdiagramm am besten geeignet.

Das Flußdiagramm ist besonders dann von Nutzen, wenn es eine neue Einsicht gewährt. Es ist nicht erforderlich, daß es die Einzelheiten einer Gleichung wiedergibt; es sollte vielmehr eine breitere Perspektive geben. Die Gleichungen eines Systems beschreiben die Beziehungen zwischen den Zustands- und Flußgrößen. Das Flußdiagramm sollte daher zeigen, wie diese miteinander verbunden sind und Rückkopplungsschleifen bilden und wie die Regelkreise ineinander verwoben sind und so das System bilden.

Das Flußdiagramm sollte die Zustands-, Fluß- und Hilfsgleichungen und ihre Verkettung untereinander aufzeigen. Die im Folgenden beschriebenen Symbole repräsentieren die Elemente eines Systems. In Abschnitt 8 werden noch weitere Symbole für DYNAMO-Funktionen erklärt, die entweder spezielle Operationen versinnbildlichen oder häufig benutzte Ergänzungen zu Basisgleichungen darstellen.

Systemzustände (Integrationen)

Alle Zustandsgleichungen und alle anderen Funktionen, die eine Integration enthalten, werden durch Rechtecke symbolisiert. Die einfache Zustandsgleichung in Fig. 7.1 wird mit dem Rechteck, den Zu- und Abflußraten, die integriert werden,

dem Symbol, das den Variablentyp repräsentiert, dem vollen
Namen der Variablen, der der besseren Kommunikation dient,
und der Gleichungsnummer zu ihrem schnelleren Auffinden
identifiziert.

$$L.K = L.J + (DT)(LZ.JK - LA.JK) \qquad \text{GL. 7.1} \qquad L$$

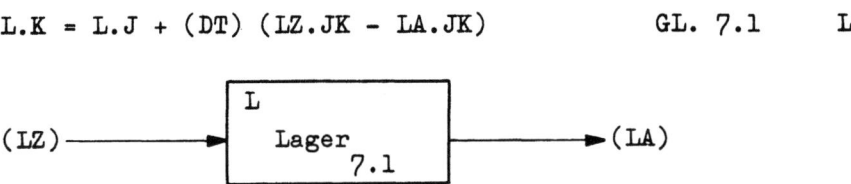

Fig. 7.1: Symbol für eine Zustandsgleichung

Flußgrößen (Entscheidungsregeln)

Die Ratengleichungen repräsentieren Entscheidungsregeln
und definieren die Veränderungen in einem System. In die
Ratengleichungen gehen nur Informationen als Input ein;
sie kontrollieren den Fluß im System. Eine Rate wirkt wie
ein Ventil in einem hydraulischen System; ein symbolisiertes Ventil dient deshalb der Darstellung einer Flußgröße.
Die Rate ist identifiziert wie in Fig. 7.2, wo eine Gleichung und das Ventilsymbol im Flußdiagramm abgebildet
sind. Das Symbol soll die Buchstabengruppe zur Repräsentation der Variablen, die ausgeschriebene Bezeichnung, die
Gleichungsnummer und die Informationsinputs, von denen die
Rate abhängt, enthalten.

$$LA.KL = \frac{AB.K}{LV}(LR.K) \qquad \text{GL. 7.2} \qquad R$$

LA = Lagerabgang (Einheiten/Woche)
AB = Auftragsbestand (Einheiten)
LV = Lieferverzögerung (Wochen)
LR = Lagerrelation = $\frac{L}{GL}$ = $\frac{\text{Lagerbestand}}{\text{gewünschter Lagerbestand}}$

$\left(\frac{\text{Einheiten}}{\text{Einheiten}}\right)$

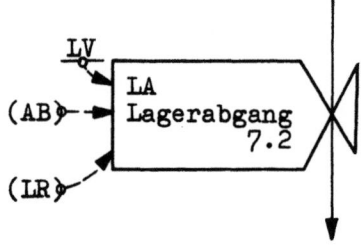

Fig. 7.2: Symbol für eine Rategleichung

Hilfsvariable

Die Hilfsvariablen liegen in den Informationskanälen zwischen den Zustands- und den Flußgrößen. Sie sind Teile der Rategleichungen, aber von diesen getrennt, da sie Aspekte mit unabhängiger Bedeutung zum Ausdruck bringen. Fig. 7.3 zeigt eine Hilfsgleichung und das korrespondierende Symbol im Flußdiagramm. Das Symbol ist ein Kreis mit der Abkürzung der Variablen, ihrem Namen, der Gleichungsnummer und den ein- und ausgehenden Informationen.

$$B.K = (AVR.K)(P) \qquad GL. 7.3 \qquad A$$

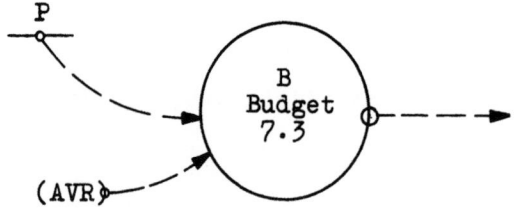

Fig. 7.3: Symbol für eine Hilfsvariablen-Gleichung

Flußlinien

Mannigfaltige Flußlinien machen ein Diagramm durch Unterscheiden zwischen Klassen von Variablen übersichtlich. In den Subsystemen auftretende Ströme repräsentieren die verschiedenen "konservativen" Variablen für bewegte Mengen von Ort zu Ort in dem System. Informationsströme kommen in "nicht konservativen" Subsystemen vor.[1] Informationen können hier entnommen werden, ohne die Informationsquelle zu erschöpfen. Die sechs Flußlinien in Fig. 7.4 sind hinreichend für die Darstellung aller Arten von Veränderungen, die in Realsystemen auftreten. Das Informationsnetz ist von genereller Natur. Die anderen fünf Verbindungslinien sind Hilfsgrößen, mit denen die für Management-Systeme wichtigen Veränderungsgrößen gewöhnlich passend abgebildet werden können; für sonstige Systeme mögen zum Teil andere Definitionen sinnvoll sein.

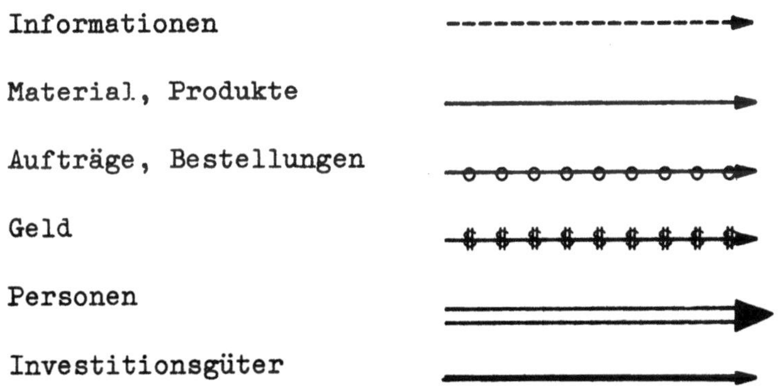

Informationen   ---------------▶

Material, Produkte   ───────────────▶

Aufträge, Bestellungen   ─o─o─o─o─o─o─o─▶

Geld   ─¤─¤─¤─¤─¤─¤─¤─▶

Personen   ═══════════════▶

Investitionsgüter   ━━━━━━━━━━━━━━━▶

Fig. 7.4: Flußlinien

Informationsentnahmen

Linien, die den Informationstransfer von einer Zustandsgröße anzeigen, müssen unterschieden werden von den Linien, die Zustände verändernde Flüße darstellen. Ein Strom be-

---

[1] "konservative" Variable sind im Gegensatz zu den "nicht konservativen" Variablen solche Größen, die durch Zu- und Abflüße verändert werden. Es kann sich hier um physische (z.B. Produkte) und nicht physische (z.B. Ideen) Systemelemente handeln.

wegt eine Menge von einem Ort zum anderen und wird von einer
Rategleichung kontrolliert. Informationen über eine Variable
können jedoch von dieser entnommen werden, ohne ihren Inhalt
zu verändern. In Fig. 7.5 sind die Informationsentnahmen
durch gestrichelte Linien von einem Zustand- und einem Hilfs-
variablensymbol dargestellt. Diese repräsentieren lediglich
die Quellen, von denen aus ein Informationstransfer stattfin-
det. Das Zeichen für eine Informationsentnahme steht am An-
fang aller Informationslinien. Dies ist nur dort kritisch, wo
Informationen über solche Zustandsvariable (Informationsbe-
stände) laufen, die selbst Teil des Informationsnetzes sind.
In allen anderen Fällen ist dieses Symbol überflüssig. Flüße,
die Veränderungen des Inhaltes einer Größe verkörpern, können
nicht bei Flußraten und Hilfsvariablen vorkommen; hier sind
nur Informationsverbindungen möglich. Bei den Zustandsgrößen
ist nur ein Informationsabfluß und kein -zufluß möglich,
falls diese nicht selbst eine Information darstellen.
So muß zum Beispiel eine Informationslinie, die ihren Ursprung
in dem Symbol für den Lagerbestand hat, immer eine Informationsentnahme darstellen, da Lagerbestandsveränderungen nur
durch eine Materialfluß-Linie versinnbildlicht werden können.

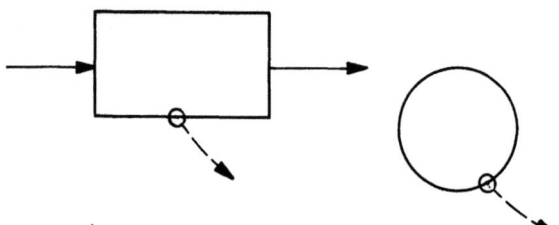

Fig. 7.5: Informationsentnahme

Parameter (Konstante)

Parameter sind solche Größen, die während eines Simulationslaufes konstant bleiben. Ihre Werte können natürlich zwischen
den sukzessiven Simulationsschritten verändert werden. In
Fig. 7.6 sind Konstante durch eine kurze Linie und das Zeichen für eine Informationsentnahme symbolisiert. Der Name des
Parameters ist neben die Abkürzung zu schreiben. Parameter

sind immer ein Informationsinput für die Entscheidungsvariablen; sie gehen entweder direkt oder auf dem Umweg über eine Hilfsgleichung in diese ein.

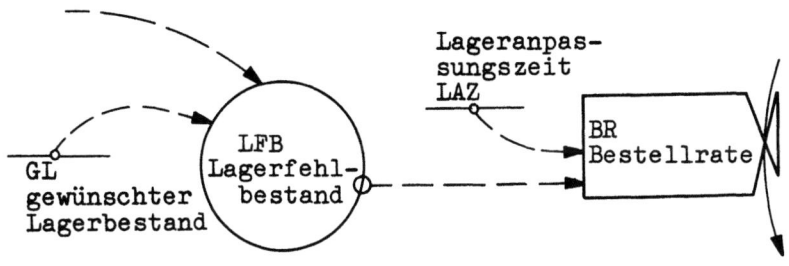

Fig. 7.6: Symbole für Parameter

Quellen und Senken

Wenn die Quelle, aus der ein Fluß kommt, keinen Einfluß auf das System hat, so wird dieser so dargestellt, als ob er aus einer unendlichen Quelle fließt. Unendlich große Resourcen können nie erschöpft werden. Für die Zwecke eines bestimmten Modells repräsentieren sie jedweden Fluß, der für die Modellgleichungen erforderlich ist. In Fig. 7.7 sind solche inaktiven Quellen und Senken abgebildet, von denen oder in die Ströme über die Modellgrenzen hinweg fließen:

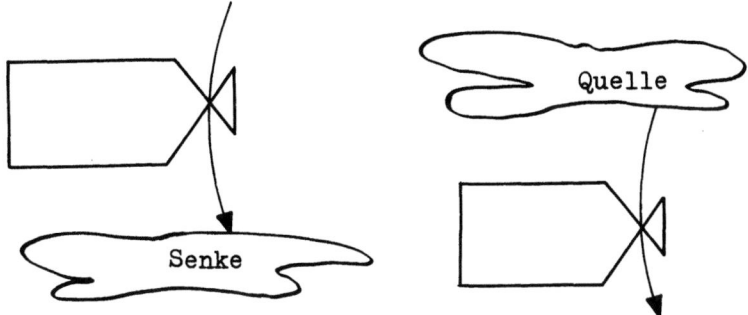

Fig. 7.7: Symbole für Quellen und Senken

Variable von und zu anderen Diagrammen

Flußdiagramme sind oft so groß, daß sie sich über mehrere Seiten erstrecken. Die Flußlinien und Informationsströme, die über die Seiten hinweggehen, sollten, wie in Fig. 7.8, durch Ursprung und Bestimmung, deren Namen, Abkürzung, Gleichungsnummer und Gleichungstyp gekennzeichnet sein.

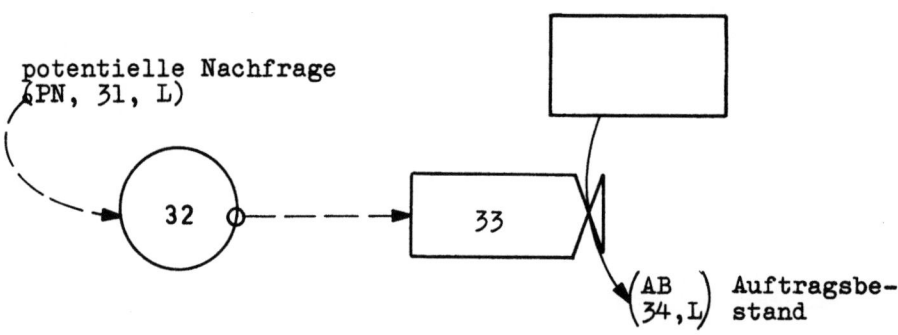

Fig. 7.8: Symbole für Variable von und nach anderen Systemdiagrammen

8. Der DYNAMO-Compiler

Der DYNAMO-Compiler ist ein Computer-Programm, das die Gleichungen für Modelle von dynamischen geschlossenen Systemen behandelt und die erfragten Simulationsergebnisse als numerische Tabellen oder graphische Kurven ausgibt.

DYNAMO (Abkürzung für Dynamic Models) ist entwickelt worden, um Modelle rechnen zu können, die der Struktur und den Gleichungskonventionen folgen, so wie sie in diesem Buch benutzt werden. Der DYNAMO-Compiler ist vielerorts verfügbar und läßt sich für eine Reihe von Computersystemen verwenden. Einige der folgenden Diskussionen basieren auf DYNAMO 2, eine mehr generelle als die erste Version. Dieses Buch erfordert nicht das Benutzen eines Computers und dieser Abschnitt soll keine Einführung in DYNAMO sein, sondern nur die Symbole, die notwendig sind, um dieses Buch zu lesen, beschreiben.

Der DYNAMO-Compiler akzeptiert ein geschriebenes Modell in Form von Zuständen, Flußgrößen und assoziierten Gleichungen, die Zeitpostskripte verwenden, so wie sie in Abschnitt 5 beschrieben wurden. Die Gleichungen können in beliebiger Folge erscheinen. Der DYNAMO-Compiler führt eine Reihe von Operationen aus:

1. Er prüft die Gleichungen nach logischen Fehlern und druckt die Fehler aus. Viele Fehler werden in einem Gleichungssystem lokalisiert, weil sie nicht das logische Konzept eines geschlossenen Feedbackmodells befriedigen. So müssen zum Beispiel alle Variablen, die auf der rechten Seite einer Gleichung stehen, selbst wieder eine Definitionsgleichung haben. Keine Menge darf zweifach definiert sein. Hilfsgleichungen sollten keine Rückkopplungsschleife ohne einen dazwischenliegenden Systemzustand bilden. Die Anzahl der Positionen in einer Tabellenfunktion muß mit der Spezifikation dieser Tabelle übereinstimmen. Alle einzelnen Funktionen sollen

die richtigen Argumente zur eindeutigen Definition der
Funktion enthalten. Zeitpostskripte müssen mit dem
Gleichungstyp übereinstimmen. In dem Modell sollen
passende Kontrollinstruktionen enthalten sein usw.

2. Er reorganisiert das Modell gemäß dem Strukturkonzept
   eines dynamischen Systems, das die Gleichungen für Zu-
   stands- und Flußgrößen gruppiert und die Abfolge jener
   Hilfsgleichungen arrangiert, die voneinander abhängig
   sind.

3. Er programmiert das Modell; d.h. die Gleichungen mit
   ihren algebraischen Symbolen werden in detaillierte
   Computer-Instruktionen transformiert.

4. Er führt die schrittweise Rechnung aus. Diese basiert
   auf den Kontrollinstruktionen, die sich auf das Lösungsintervall sowie die Länge des Simulationslaufes
   beziehen und erstellt die simulierten Ergebnisse des
   Systems, das von dem Modell repräsentiert wird.

5. Er bereitet den erfragten Output vor und druckt ihn in
   tabellarischer oder graphischer Form aus.

Tabelle 8 ist das vollständige Modell, das zur Abbildung der
negativen Rückkopplungsschleife in Abschnitt 2.2 benutzt
wird. Sie zeigt die Gleichungen und die für den DYNAMO-Compiler notwendigen Anweisungen. Erklärende Bemerkungen (Noten)
wurden eingefügt.

```
0.1    *         NEGATIVER REGELKREIS ERSTER ORDNUNG
0.2    RUN
0.3    NOTE
0.4    NOTE      DIE FOLGENDEN FUENF LINIEN GEBEN DIE
0.5    NOTE      GLEICHUNGEN DES MODELLS AN
1      R    BR.KL=(1/AZ)(GL-L.K)
1.1    C    AZ=5
1.2    C    GL=6000
2      L    L.K=L.J+(DT)(BR.JK)
2.1    N    L=1000
2.4    NOTE      DIE FOLGENDEN ZUSATZGLEICHUNGEN DIENEN NUR IN-
2.5    NOTE      FORMATIONSZWECKEN, SIE SIND NICHT TEIL DES MODELLS,
2.6    NOTE      SIE GEBEN UEBER DEN LAGERBESTAND AUSKUNFT.
3      S    LFB.K=GL-L.K
4      S    LFBZ.K=(DT)(BR.JK)
4.3    NOTE      DIE DRUCKANWEISUNGEN GEBEN DIE SPALTENNUMMER, DEN
4.4    NOTE      NAMEN DER VARIABLEN UND DIE SKALIERUNG AN.
4.5    NOTE      IN DER SKALA (0.0) GIBT DIE ERSTE ZAHL DEN EXPONENTEN
4.6    NOTE      AN MIT DEM DER WERT MULTIPLIZIERT WIRD (ZEHN MIT EINEM
4.7    NOTE      EXPONENTEN VON NULL IST GLEICH EINS).
4.8    NOTE      DIE ZWEITE ZAHL GIBT DIE ANZAHL DER KOMMASTELLEN AN.
5      PRINT     1)LFBZ(0.0)/2)L(0.0)/3)LFB(0.0)/4)BR(0.0)
6      NOTE      DIE DRUCKANWEISUNG GIGT DIE AUSZUDRUCKENDE VARIABLE,
6.1    NOTE      DAS SYMBOL DER VARIABLEN FUER DEN DRUCK UND DIE SKA-
6.2    NOTE      LIERUNG AN. IST KEINE SKALIERUNG ANGEGEBEN,SO WAEHLT
6.3    NOTE      DYNAMO SELBST EINE ENTSPRECHENDE AUS.
7      NOTE      PLOT L=L(0,6000)/BR=B(0,1000)
7.1    NOTE      KONTROLLANWEISUNGEN. DT IST DAS LOESUNGSINTERVALL.
7.2    NOTE      LENGTH IST IN ZEITEINHEITEN GEMESSEN UND GIBT DIE
7.3    NOTE      LAENGE DES SIMULATIONSLAUFES AN.
7.4    NOTE      PRTPER UND PLTPER GEBEN DIE INTERVALLE ZWISCHEN DEN
7.5    NOTE      AUSZUDRUCKENDEN UND AUFZUZEICHNENDEN WERTEN AN.
8      C    DT=2
8.1    C    LENGTH=24
8.2    C    PRTPER=2
8.3    C    PLTPER=2
9      NOTE      WIEDERHOLUNGSLAEUFE MIT VERAENDERTEN KONSTANTEN
9.1    RUN  1
9.2    C    AZ=10
9.3    C    LENGTH=12
10     RUN  2
10.1   C    AZ=20
```

Tabelle 8: DYNAMO-Modell

Figur 8a zeigt den ausgedruckten und aufgezeichneten, vom DYNAMO-Compiler, gemäß den Kontrollkarten und den in Tabelle 8 angegebenen Print- und Plottanweisungen, erzeugten Output.

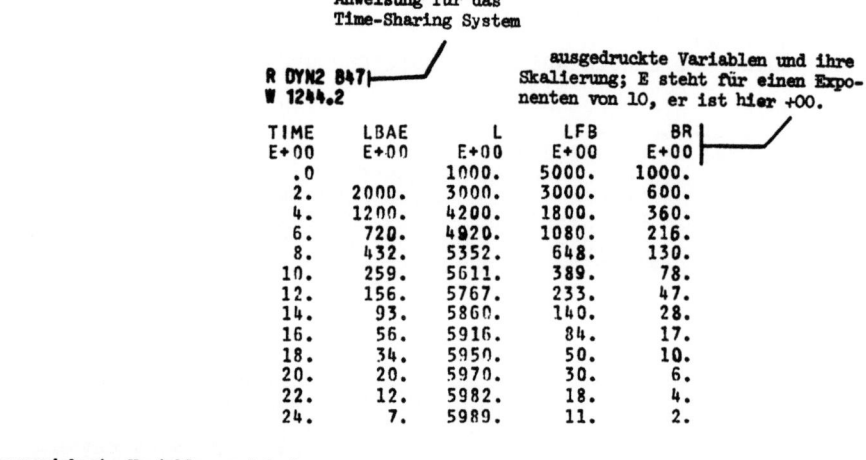

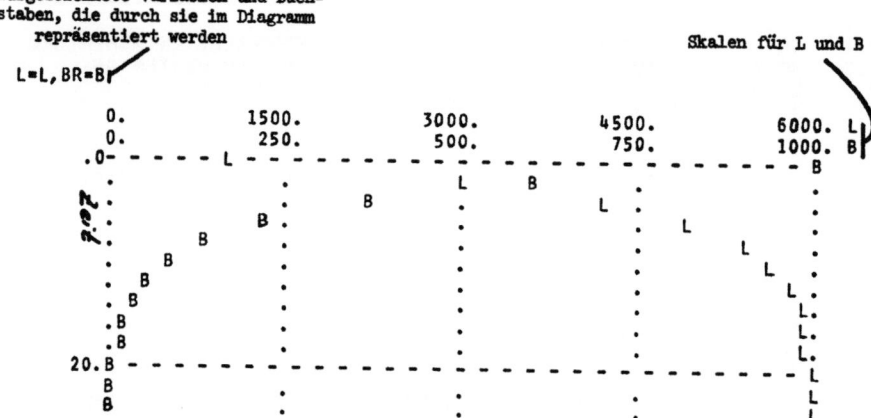

Fig. 8a: ausgedruckter und aufgezeichneter DYNAMO-Output

Werden wiederholte Simulationsläufe (runs) mit veränderten Parameterwerten gewünscht, so können Wiederholungsläufe (reruns) abgefragt werden. In Figur 8b ist ein solcher Wiederholungslauf dargestellt. Er unterscheidet sich vom Basislauf in Figur 8a durch die veränderten Parameter, die unter dem Terminus "Changes" (Veränderungen) zusammen mit den Originalwerten angeführt sind.

```
                         CHANGES
                      AZ    LENGTH
            PRESENT  10.00   12.00
            ORIGINAL  5.000  24.00


     PAGE 5    FILE LAS         12/11/70     1

            TIME     LBAE        L       LFB      BR
            E+00     E+00       E+00     E+00    E+00
             .0                1000.    5000.    500.
             2.     1000.      2000.    4000.    400.
             4.      800.      2800.    3200.    320.
             6.      640.      3440.    2560.    256.
             8.      512.      3952.    2048.    205.
            10.      410.      4362.    1638.    164.
            12.      328.      4689.    1311.    131.

L=L,BR=B
          0.       1500         3000        4500        6000.  L
          0.        250          500         750        1000.  B
          .0- - - -L- - - - - - - -B- - - - - - - - - - - - - -
                        .    L   B    .            .           .
                        .       B    L .           .           .
                        .   B         .        L   .           .
                        . B           .            L.          .
                        B             .            L.          .
                        .             .            .  L        .
```

Fig. 8b: Wiederholungslauf mit längerer Anpassungszeit AZ und kürzerer Länge des Simulationslaufes

DYNAMO wurde als Teil eines Computer-Time-Sharing-Systems benutzt, um die in diesem Buch gezeigten Tabellen und Diagramme zu erstellen. Das Time-Sharing erlaubt, ein Modell über eine Konsole einzugeben und beliebig viele Modellmodifikationen vorzunehmen. Wenn ein Simulationslauf beendet ist, so geht DYNAMO automatisch in den "rerun mode" (zur Anweisung für einen Wiederholungslauf) und akzeptiert alle neu eingegebenen und veränderten Modellparameter für einen Wiederholungslauf.

DYNAMO ist lediglich ein Werkzeug für das Umgehen mit dynamischen Systemmodellen. DYNAMO selbst ist nutzlos, wenn die Modellformulierung nicht gut durchdacht ist und keinen richtigen Bezug zum Realsystem hat. Die in diesem Buch diskutierten Grundsätze und Meinungen, die auf Erfahrungen mit dem Verhalten von Systemen beruhen, sind wesentlich für das erfolgreiche Konzipieren von Systemmodellen. DYNAMO selbst garantiert überhaupt nichts. Dieselben Modellkonzepte können auch mit Hilfe anderer Computercompiler implementiert werden, doch sind diese im allgemeinen weniger elegant und leistungsfähig.

In den folgenden beiden Abschnitten werden einige allgemein übliche und vom DYNAMO-Compiler akzeptierte, spezielle Funktionen diskutiert. Sie werden uns später in spezifizierten Modellen wieder begegnen. DYNAMO erlaubt auch mit weniger üblichen Funktionen zu arbeiten; sie werden jeweils dann erklärt, wenn sie in den hier beschriebenen Modellen benutzt werden. Zusätzlich kann der Benutzer selbst Spezialfunktionen entwickeln, die dann durch eine einzige Bezeichnung aufzurufen sind. Die folgenden Erläuterungen sind kurz und lediglich Hinweise auf spätere Ausführungen. Eine Rechtfertigung für das Verwenden und Konzipieren der einzelnen Funktionen, besonders der in Abschnitt 8.2 angeführten, wird hier nicht gegeben. Sie erfolgt an späterer Stelle, wenn die entsprechenden Funktionen zur Anwendung kommen.

Spezialfunktionen erlauben komplexere Operationen, als jene,
die durch die algebraischen Zeichen impliziert werden. So
kann zum Beispiel die Wurzelfunktion in einer Gleichung
wie der folgenden erscheinen.

$$A.K = B.K + SQRT^{1)} (C.K)$$

Diese Gleichung sagt, daß A.K gleich B.K plus der zweiten
Wurzel aus C.K ist. Spezialfunktionen sind vom DYNAMO-
Compiler, der nicht die allgemein üblichen Symbole enthält, durch Zeichen identifizierbar. Wenn SQRT eine Konstante wäre, die mit C.K multipliziert wird, so müsste die
Gleichung in einer der folgenden Formen geschrieben werden,
wobei die Multiplikation entweder durch Klammern oder
durch einen Stern dargestellt wird:

$$A.K = B.K + (SQRT)(C.K)$$
$$A.K = B.K + SQRT*C.K$$

Die nicht in Klammern eingeschlossene Buchstabengruppe,
auf die eine öffnende Klammer folgt, zeigt eine Funktion
an. Eine Variable definierende Spezialfunktionen können
allein stehen oder in einen komplexeren Ausdruck eingefügt
sein.

Nach jedem Funktionsindikator folgt ein Klammerausdruck
mit den Mengenangaben für die Operationen der Funktion.
Die Argumente sind Konstante, die als Zahlen oder durch
die Symbole der Konstanten ausgedrückt werden, oder es
sind Variable mit ihren entsprechenden Zeitpostskripten.
Das Argument kann auch, wo erforderlich, ein negatives
Vorzeichen enthalten. Wenn Q zum Beispiel selbst negativ
ist, so ist die Quadratwurzel bedeutungslos, da es keine
reale Quadratwurzel von einer negativen Zahl gibt. Die
Schreibweise SQRT (-Q) ist jedoch möglich.

---

[1] SQRT ist die Abkürzung für square root (Quadratwurzel).

8.1 Funktionen ohne Integration

Verschiedene Gruppen von Spezialfunktionen haben die Natur von Raten- oder Hilfsgleichungen. Diese Gruppen ermöglichen bestimmte Rechenoperationen, Tabelleninterpolationen, Testinputs, Erzeugen von Zufallszahlen und logische Entscheidungen. Da es sich hier um Funktionen ohne Integration handelt, können sie in jeden Strom eines Modells eingesetzt werden. Sie verursachen keine zeitlichen Verzögerungen und keine periodenabhängigen Verzerrungen. Sie verändern nur die gegenwärtige Amplitude von Signalen. Da sie in ihrer Art Raten- oder Hilfsgleichungen ähneln und gewöhnlich als-oder in Hilfsgleichungen auftreten, werden diese Spezialfunktionen ohne Integration in den Flußdiagrammen als eine Modifikation des Kreises dargestellt, der für Hilfsgleichungen verwendet wird.

Die Gruppe dieser Rechenhilfen enthält Quadratwurzeln, exponentielle und logarithmische Funktionen. Die im Flußdiagramm verwendeten Symbole dieser drei Ausdrücke sind in Fig. 8. 1a dargestellt. Wenn die Spezialfunktion eine bestimmte Variable in einer getrennt nummerierten Gleichung definiert, wie zum Beispiel VAR und 8, so kann dies wie in dem abgebildeten SQRT-Symbol dargestellt werden:

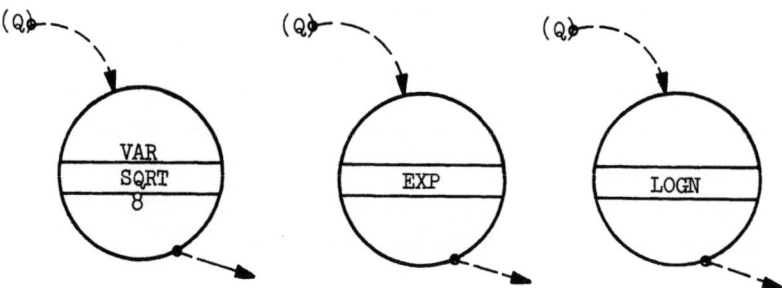

Fig. 8. 1a: Rechenfunktionen

SQRT (Q) bedeutet Q. Die Spezialfunktion erzeugt hier die
Quadratwurzel von Q. Dabei muß Q gleich oder größer als
Null sein. Q ist das Argument - entweder eine Konstante
oder eine Variable mit einem Zeitpostskript - mit dem die
Funktion operiert.

    EXP(Q) bedeutet e^Q, wobei e die Basis der natürlichen
                                   Logarithmen ist.

    LOGN(Q) bedeutet ln Q; d.h. der natürliche Logarithmus
                           von Q. Q muß größer als Null sein.

Die zweite Klasse von Spezialfunktionen dient der Interpolation in Tabellenfunktionen. Die Notwendigkeit einer Interpolation wurde bei der Diskussion der Gleichungen 2.5-8 und 2.5-13 und ihren korrespondierenden Abbildungen in Fig. 2. 5b und 2. 5c schon herausgestellt. Nichtlineare Beziehungen sind in Systemen wiederholt zu beobachten. Die Interpolationsoperationen lokalisieren die zwischen den Punkten einer Tabelle liegenden Werte mittels der linearen Interpolation. Die Symbole der Tabellenfunktionen im Flußdiagramm sind in Fig. 8. 1b veranschaulicht:

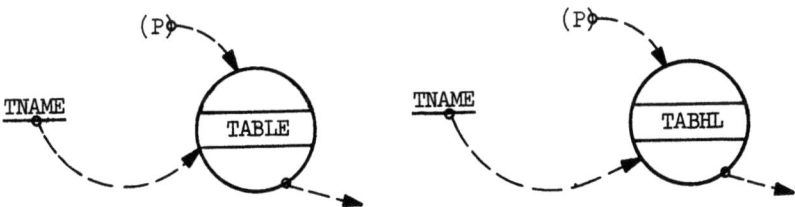

Fig. 8. 1b: Interpolationsfunktionen (Tabellenfunktionen)

Die Anweisung TABLE bewirkt die lineare Interpolation zwischen den Punkten in einer Tabelle. Die Funktion kann wie folgt geschrieben werden:

TABLE (TNAME, P.K, N1, N2, N3)

TNAME = E1/E2/........./EM   GL. No.   T

TNAME = Name der Tabelle, in der die Spezialfunktion
        operiert
    P = Inputvariable, für die die korrespondierenden
        Tabellenwerte lokalisiert werden
   N1 = Wert von P, bei dem der erste Tabellenwert
        aufgezeichnet wird
   N2 = Wert von P für die letzte Tabellenaufzeichnung
   N3 = Intervall der P-Werte zwischen den Tabellen-
        aufzeichnungen
   E1 = numerischer Wert der Tabelle bei P=N1
   E2 = zweiter Tabellenwert bei P=N1 + N3
   EM = letzter Tabellenwert bei P=N2

P ist die unabhängige Variable in der Funktion zur Nutzung der Tabelle und repräsentiert entweder eine Zustands- oder eine Hilfsvariable. Die Tabelle der numerischen Werte selbst wird durch das Symbol angegeben, das an der Stelle von TNAME steht. TNAME enthält eine Anzahl von numerischen Werten, die in gleichmäßigen Abständen entlang der P-Achse aufgetragen sind. Die "Gleichung", die die numerischen Werte angibt, wird mit dem Buchstaben T hinter ihrer Gleichungsnummer gekennzeichnet. Fig. 8. 1c veranschaulicht die TABLE-Funktion:

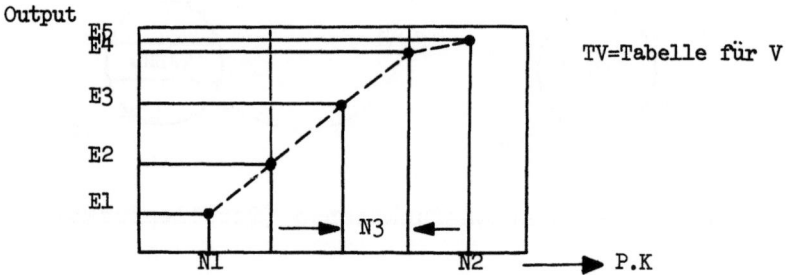

Fig. 8. 1c: TABLE-Funktion

N1 gibt den kleinsten und N2 den größten Wert von P in der
Tabelle an. N3 repräsentiert die gleichgroßen Intervalle
von P zwischen den Punkten in der Tabelle. Die Werte E1
bis E5 sind numerische Werte des Tabellenoutputs; sie korrespondieren mit den Werten für P. Die TABLE-Funktion unterstellt lineare Segmente zwischen den angegebenen Punkten und
legt den Output zu den entsprechenden Werten von P innerhalb der Spanne von N1 bis N2 fest. Werden die Werte von P
kleiner als N1 oder größer als N2, so interpretiert die
TABLE-Funktion dies als einen Fehler und verursacht eine
entsprechende Fehlermeldung. Die Tabelle TNAME selbst muß
die richtige Anzahl von Eingangszahlen entsprechend N1, N2
und N3 aufweisen. Diese Zahl errechnet sich wie folgt:

$$\text{Anzahl der Tabellenpositionen} = M = \frac{N2-N1}{N3} + 1.$$

Dieser Konvention für eine TABLE-Funktion folgend ist
Gleichung 2.5-13 (Fig. 2. 5c) wie folgt zu schreiben:

VE.K = TABLE(TVE, BLV.K, 0, 6, 0.5)　　　　　　GL. 8.1-1　A
TVE=400/400/390/370/350/320/290/250/210/180/150/120/100
　　　　　　　　　　　　　　　　　　　　　　　　GL. 8.1-1.1　T

TABHL (für High-Low-Ausdehnung) ist der TABLE-Funktion
ähnlich mit dem Unterschied, daß sie zu keiner Fehlermeldung führt, wenn P kleiner als N1 oder größer als N2 wird.
Geht P aus dem Bereich N1 bis N2 heraus, so wird der letzte
Wert in der Tabelle angenommen. E1 wird für alle Werte von
P kleiner als N1 und EM für alle Werte von P größer als N2
verwendet. Die TABHL-Funktion hat eine ähnliche Schreibweise wie TABLE-Funktion:

　　　TABHL (TNAME, P.K, N1, N2, N3).

Eine weitere Gruppe von Spezialfunktionen besteht aus Schritt-

(STEP), Rampen- (RAMP), Sinus- (SIN) und Cosinus- (COS) Funktionen, die in erster Linie als Testinputs verwendet werden. Diese stellen Stimulanzen dar, auf die das Modell reagiert; sie liefern nützliche Informationen über das dynamische Systemverhalten. Die entsprechenden Symbole im Flußdiagramm sind in Fig. 8. 1d dargestellt:

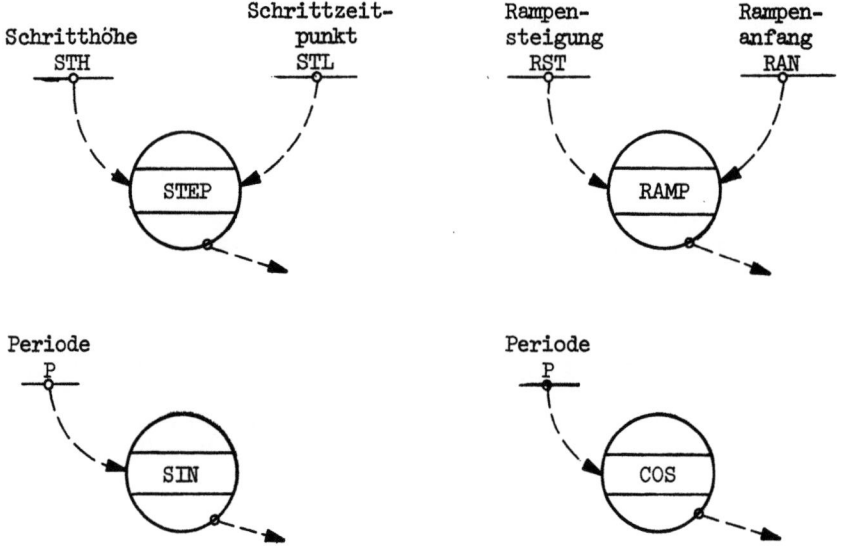

Fig. 8. 1d: Testfunktionen

Ein Schritt (STEP) führt zu einer bestimmten Zeit zu Änderungen von Null auf einen bestimmten Wert:

STEP (STH, STZP)

STH = Schritthöhe, Wert des Schrittes nach dem Zeitpunkt STZP
STZP = Zeitpunkt, zu dem die Schrittänderung von Null auf STH erfolgt.

Die STEP-Funktion wird häufig als Schockreizung benutzt,

um festzustellen, wie sich das System wieder erholt. Fig.
8. 1e veranschaulicht Schritt-, Rampen-, Sinus- und
Cosinusfunktionen. Tabelle 8.1 zeigt die entsprechenden
DYNAMO-Anweisungen zur Erzeugung des in Fig. 8. 1e illu-
strierten Verhaltens.

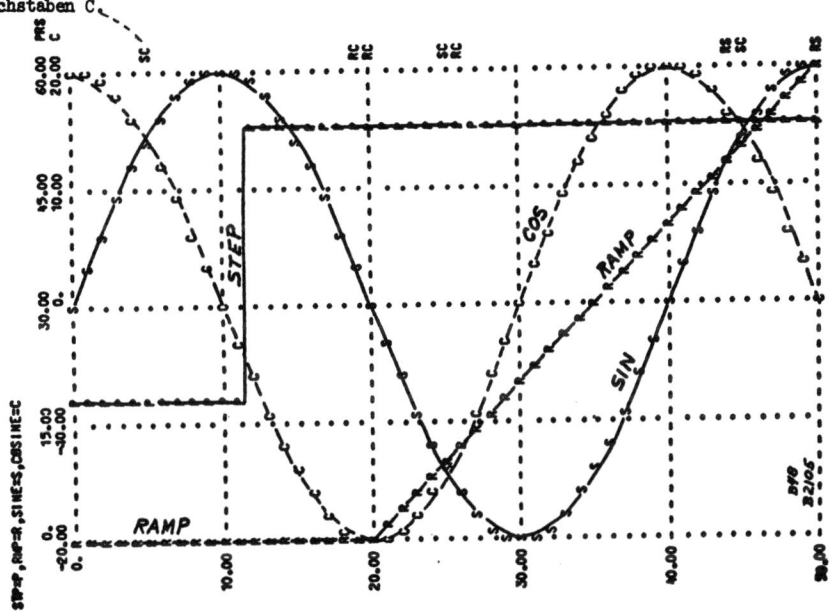

Fig. 8. 1e: STEP-, RAMP-, SIN- und COS-Funktionen

```
0.1     *       TESTFUNKTIONEN
0.2     RUN
1       A       SCH.K=18+STEP(STH,STZP)
1.1     C       STH=35
1.2     C       STZP=12
2       A       RAMPE.K=RAMP(2,20)
3       A       SINUS.K=30+(30)*SIN(6.283*TIME.K/40)
4       A       COSIN.K=(20)*COS(6.283*TIME.K/CPER)
4.1     C       CPER=.5
5       PLOT    SCH=S,RAMPE=R,SINUS=S(0,60)/COSIN=C
6       C       DT=.5
6.1     C       LENGTH=50
6.2     C       PRTPER=0
6.3     C       PLTPER=1
```

Tabelle 8.1: Gleichungen für Fig. 8. 1e

RAMP erzeugt eine Kurve mit einer konstanten Steigung.
Diese Kurve beginnt zu einem bestimmten Zeitpunkt mit dem
Wert Null

>   RAMP (RST, RAN)
>
>   RST = Rampensteigung (Einheiten/Zeit)
>   RAN = Rampenanfang (Zeit)

SIN erzeugt Sinusschwingungen mit einer einheitlichen Amplitude und einer bestimmten Periodenlänge. Der Sinusausdruck, in Termini der Periode P und der unabhängigen Variablen Zeit t, wird gewöhnlich wie folgt geschrieben:

$$\sinus\left(\frac{2\pi}{P} \cdot t\right).$$

In der DYNAMO-Formulierung wird dieser Ausdruck zu:

>   SIN (6.283* TIME.K/P)
>
>   TIME = Modellaufzeit (eine DYNAMO-Variable)
>   P = Periode der Sinusschwingung (Zeiteinheiten).

COS verursacht in ähnlicher Weise Cosinusschwingungen mit gleicher Amplitude und von bestimmter Periodenlänge. Die Cosinuskurve hat selbstverständlich die gleiche Form wie die Sinuskurve und ist gegenüber dieser nur um eine 1/4 Periode verschoben. Sie kann wie folgt ausgedrückt werden:

>   COS (6.283* TIME.K/P)

Beide, die Sinus- und die Cosinusfunktion, können als Rechenfunktionen benutzt werden, wenn die Argumente im Klammerausdruck durch andere Variable oder Konstante ersetzt werden.

Die Funktionen NOISE, NORMRN und CPONSE dienen der Erzeugung von Zufallszahlen. Entscheidungsprozesse enthalten gewöhnlich Unsicherheits- (d.h. Zufalls-) komponenten, die durch Vorgänge hervorgerufen werden, welche nicht durch die bekannten und die die Entscheidungen kontrollierenden Verhaltensweisen beschrieben sind. Ein Großteil des Verhaltens aktueller Systeme reflektiert die Art und Weise, in der das System auf zufällige Störungen reagiert. Um die Wirkungen eines zufallsabhängigen Verhaltens zu untersuchen und zu erzeugen, sind Zufallsgeneratoren erforderlich. Eine einzige Quelle von Zufallszahlen ist in der Regel nicht ausreichend, da es für verschiedene Zwecke unterschiedliche statistische Formulierungen von Zufallsereignissen gibt. DYNAMO enthält deshalb drei Zufallsgeneratoren mit verschiedenen Charakteristika. NOISE (zufällige Störung) ist ein Terminus aus der Nachrichtentechnik zur Kennzeichnung zufällig auftretender Signale. Es handelt sich dabei um ein unvorhersehbares, inhaltloses Signal. Die in DYNAMO verwendeten Zufallsgeneratoren sind "pseudo-zufällig"; d.h., sie operieren mit Hilfe eines numerischen Prozesses, der wiederholbar ist, aber doch eine Zahlenfolge erzeugt, die derselben Zufallsauswahl entspricht, wie die aus natürlichen Veränderungsprozessen entnommenen Stichproben. Die in den Flußdiagrammen verwendeten Symbole für diese Zufallsgeneratoren sind in Fig. 8. 1f abgebildet:

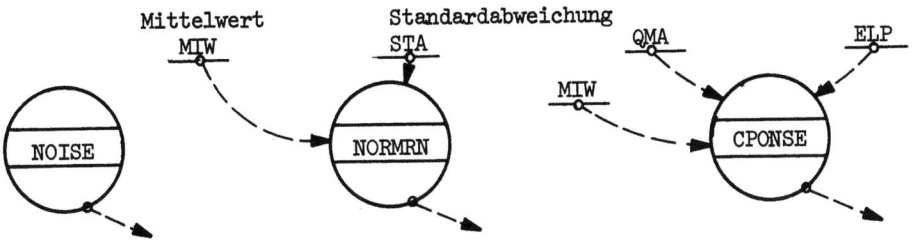

Fig. 8. 1f: Zufallsgeneratoren

NOISE erzeugt normalverteilte Zufallszahlen zwischen
-0.5 und 0.5. Die Funktion wird bestimmt durch den Ausdruck

NOISE ( ) .

Es sind keine weiteren Argumente erforderlich, um die Operation von NOISE zu bestimmen. Der leere Klammerausdruck wird jedoch benötigt, um anzuzeigen, daß die Buchstabengruppe davor eine Funktion und nicht der Name einer Konstanten ist.

NORMRN erzeugt normalverteilte Zufallszahlen mit einem bestimmten Mittelwert und einer bestimmten Standardabweichung.

NORMRN (MIW, STA)

MIW = Mittelwert der Zufallszahlen
STA = Standardabweichung der Normalverteilung.

Eine von NORMRN erzeugte Folge von Zufallszahlen ist in Fig. 8. 1g veranschaulicht:

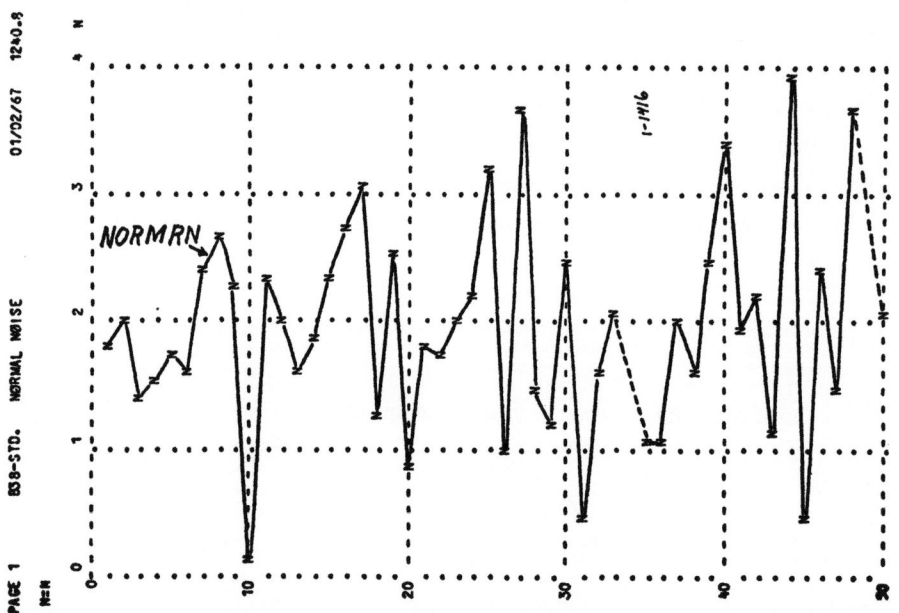

Fig. 8. 1g: Output einer NORMRN-Funktion zur Erzeugung normalverteilter Zufallszahlen. Die Zahlen zu den Zeitpunkten 34 und 49 liegen außerhalb des Diagramms

CPONSE erzeugt Störungen mit konstanter Stärke per Oktave. Der Terminus "Oktave" bedeutet hier eine Vielzahl von hintereinandergeschalteten Schwingungen, deren Perioden jeweils mit einem Faktor von zwei wachsen. In einer von NOISE oder NORMRN erzeugten Folge von Zufallszahlen sind die kurzfristigen Fluktuationen sehr stark. Es handelt sich hier im wesentlichen um ein Phänomen, das in der Elektrotechnik mit "weisses Rauschen" beschrieben wird. Ein solches Rauschen hat in jeder Oktave eine doppelt so große Energie, wie in der nächst längeren Oktave. Für viele Zwecke ist es jedoch wünschenswert, mit Zufallssignalen zu arbeiten, bei denen die Stärke in jeder Oktave gleich ist. Die wahrscheinliche Amplitude eines solchen Signals steigt jedoch mit der Länge der Perioden, die sie umfaßt. Oft ist eine obere Grenze für eine Signalperiode erwünscht. Der CPONSE-Generator akzeptiert drei Argumente, um den Mittelwert, den quadratischen Mittelwert der Amplitude und das Ende der langen Periode festzulegen. Die Funktion wird wie folgt geschrieben:

CPONSE (MIW, QMA, ELP)

MIW = Mittelwert des Lärmsignals
QMA = quadratischer Mittelwert der Amplitude
ELP = Ende der langen Periode.

Fig. 8. 1h zeigt eine kurze Zahlenfolge, die von einem CPONSE-Generator erzeugt wurde:

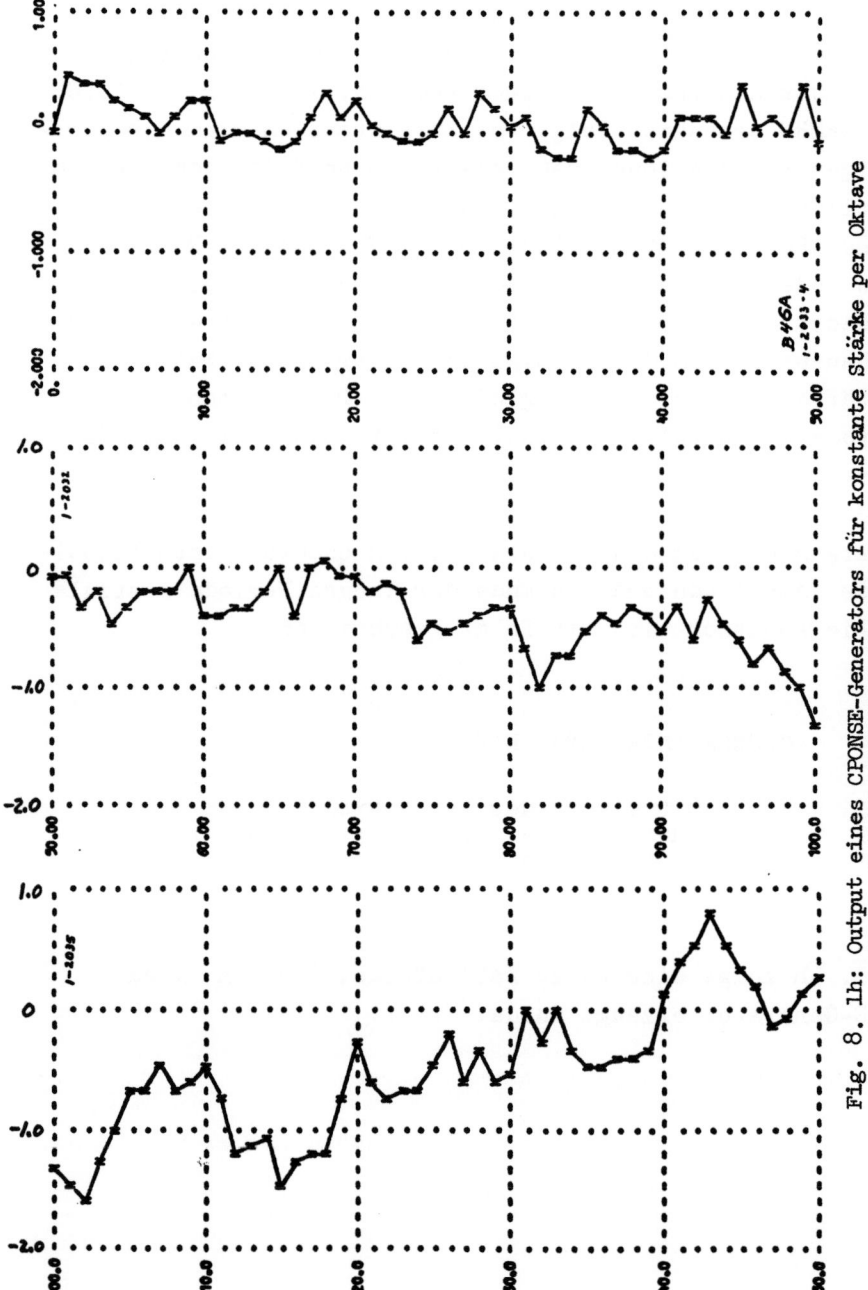

Fig. 8. 1h: Output eines CPONSE-Generators für konstante Stärke per Oktave der Zufallsfolge. Mittelwert = 0, quadratischer Mittelwert der Amplitude = 1, Ende der langen Periode = 50

Die letzte Gruppe von Spezialfunktionen in diesem Abschnitt
beschreibt die logischen Operationen MAX, MIN, SAMPLE, CLIP,
SWITCH. Fig. 8. li zeigt die entsprechenden Symbole für das
Flußdiagramm:

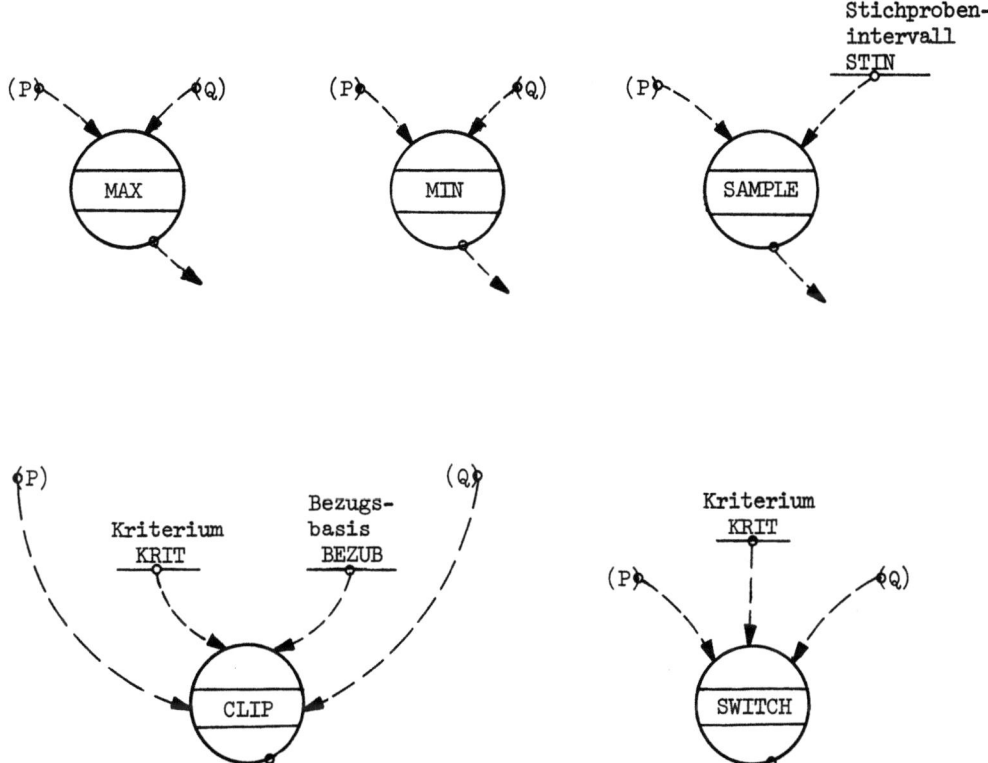

Fig. 8. li: Logische Funktionen

MAX wählt jeweils den größten von zwei Inputwerten aus:

$$MAX\ (P,\ Q)$$

MIN wählt jeweils den kleinsten von zwei Inputwerten aus:

$$MIN\ (P,\ Q)$$

SAMPLE wird in den einheitlich großen Stichprobenintervallen
STIN gleich P gesetzt; der jeweilige Wert wird so lange beibehalten, bis die nächste Stichprobe gezogen wird:

      SAMPLE (P, STIN)

CLIP trifft eine Auswahl zwischen zwei Mengen P und Q, und
zwar auf der Basis der relativen Werte der zwei (gleichen
oder anderen) Mengen: dem Kriterium KRIT und der Bezugsbasis
BEZUB:

      CLIP (P, Q, KRIT, BEZUB)
      CLIP = P, wenn KRIT   BEZUB
      CLIP = Q, wenn KRIT   BEZUB.

SWITCH funktioniert ähnlich. Die Auswahl erfolgt hier auf
der Basis, daß das Kriterium entweder Null oder Nichtnull
ist:

      SWITCH (P, Q, KRIT)
      SWITCH = P, wenn KRIT $= 0$
      SWITCH = Q, wenn KRIT $\neq 0$.

8.2 Funktionen mit Integration

Die Funktionen SMOOTH, DLINF 1, DLINF 3 und DELAY 3 enthalten Integrationen. Im Modell sind sie gewöhnlich in den Verlauf eines Flusses konkreter Güter oder eines Informationskanals eingefügt. Da sie Zustandsgleichungen enthalten, die
Integrale darstellen, verändern diese Funktionen die zeitabhängigen Mengen, die sich zwischen den Inputs und Outputs
befinden. Die angeführten vier Funktionen gehören zur Gruppe

der elementaren Zustands- und Flußgleichungen. Sie wurden hier als Spezialfunktionen eingeführt, da sie sehr oft zur Anwendung kommen.

Die Verzögerungen erzeugenden Funktionen in DYNAMO werden in der Tat durch das Aufstellen der korrespondierenden Fundamentalgleichungen wirksam. Den neu geschaffenen Variablen in den zusätzlichen Gleichungen werden spezielle Namen gegeben, die nicht anderweitig für Abkürzungen im Modell verwendet werden dürfen. Sie können daher nicht mit den für die Modellvariablen und -konstanten gewählten Namen verwechselt werden. Im folgenden Absatz beginnen diese Spezialvariablen mit dem $-Zeichen, dem ein L oder R mit einer Rangnummer zur Identifikation der jeweiligen Variablen folgt. Die Buchstaben L und R zeigen an, ob es sich um einen Zustand oder um eine Rate handelt.

Diese Funktionen enthalten Zustandsgleichungen, für die Anfangswerte gegeben sein müssen. DYNAMO erzeugt diese Anfangsbedingungen automatisch, um eine interne schwingungslose Bedingung zu bestimmen, die den Ausgangswert der Inputvariablen der Spezialfunktion anpaßt.

Da diese Funktionen eine Integration enthalten, wird das Rechteck für die Zustandsvariablen auch hier als Symbol im Flußdiagramm benutzt, wie aus Fig. 8.2a zu ersehen ist. Das Symbol zeigt den Namen der Funktion, die Art der Outputvariablen und den Namen der Verzögerungskonstanten oder des Gewichtungsparameters der Funktion.

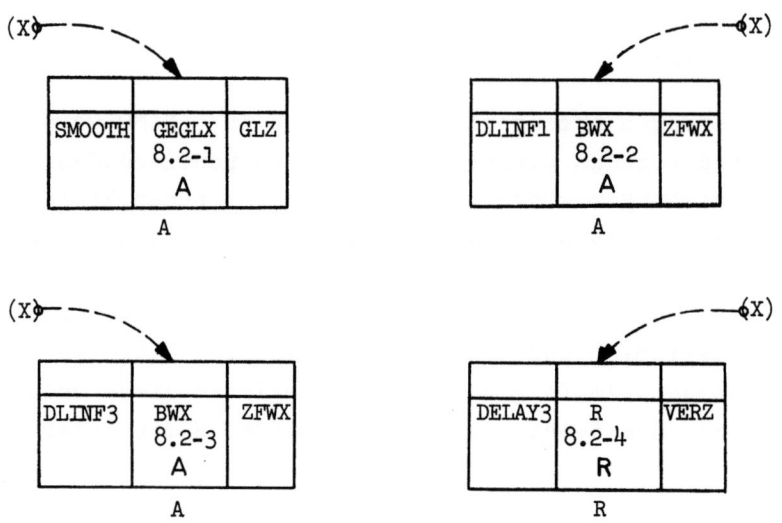

Fig. 8. 2a: Funktionen mit Integration

SMOOTH erzeugt für physische (konservative, d.h. keine Information transportierenden) Flußraten exponentielle Durchschnitte erster Ordnung. Die entsprechende Modellgleichung kann wie folgt geschrieben werden:

$$\text{GEGLX.K} = \text{SMOOTH (X.JK,GLZ)} \qquad \text{GL. 8.2-1} \quad \text{A}$$

GEGLX = geglätteter (durchschnittlicher) Wert von X (Einheiten/Zeit); gleiche Dimensionen wie für X
SMOOTH = Funktionsbezeichnung
X = Flußvariable, die geglättet wird (Einheiten/Zeit)
GLZ = Glättungszeit (Zeiteinheiten)

In einem internen Prozeß erzeugt und löst die SMOOTH-Funktion die folgenden in Fig. 8. 2b abgebildeten Gleichungen:

```
    $ L1.K = $L1.J + (DT)(X.JK - $ R1.JK)              L
    $ L1 = (X)(GLZ)                                    N
 GEGLX.K = $L1.K/GLZ                                   A
 $ R1.KL = GEGLX.K                                     R
```

```
    $ L1   = erzeugter Zustand (Einheiten)
     X     = beobachtete oder geglättete Rate
             (Einheiten/Zeit)
    $ R1   = erzeugte Rate (Einheiten/Zeit)
    GEGLX  = geglättete Werte von X, Output der
             Funktion (gleiche Dimensionen wie X)
     GLZ   = Glättungszeit (Zeit).
```

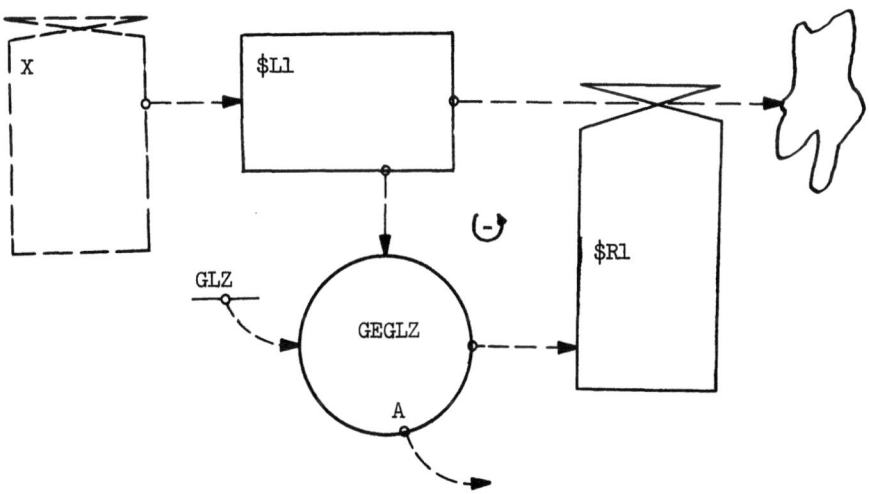

Fig. 8. 2b: Flußdiagramm für eine SMOOTH-Funktion

Die SMOOTH-Funktion beschreibt eine einfache negative Rückkopplungsschleife erster Ordnung mit einem ähnlich exponentiellem Verhalten wie es schon in Abschnitt 2.2 dargestellt wurde. In folgenden Abschnitten wird dieser Prozeß der Durchschnittsbildung eingehender untersucht.

DLINF1 wird in Informationskanälen benutzt, um exponentielle

Verzögerungen erster Ordnung zu erzeugen. Diese Funktion repräsentiert den Prozeß der allmählichen, verzögerten Anpassung der Information über den beobachteten an den wirklichen Wert einer externen Quelle. Sie wird benutzt, um die verzögerte Wahrnehmung von sich ändernden Situationen darzustellen. DLINF1 erzeugt dieselben Funktionen, wie die Gleichungen 2.5-11 und 2.5-12 für die beobachtete Lieferverzögerung (Abschnitt 2.5). Die Modellgleichung hat die Form:

```
    BWX.K = DLINF1 (X.K, ZFWX)              GL. 8.2-2   A
    BWX  = beobachteter Wert von X (gleiche
           Dimensionen wie X)
      X  = Zustands- oder Hilfsvariable, deren
           Wert verzögert wird
    ZFWX = Zeit für das Wahrnehmen von Z (Zeit-
           einheiten).
```

Diese Gleichung löst die folgenden in Fig. 8. 2c veranschaulichten internen Operationen aus:

```
    $R1.KL = (X.K - $L1. K)/ZFWX            R
    $L1.K  = $L1.J + (DT) ($R1.JK)          L
    $L1    = X                              N
    BWX.K  = $L1.K                          A
```

Die ersten beiden Gleichungen definieren intern erzeugte Variable für die Fluß- und die Zustandsgröße, die eine Verzögerung erster Ordnung beschreiben. Die dritte Gleichung

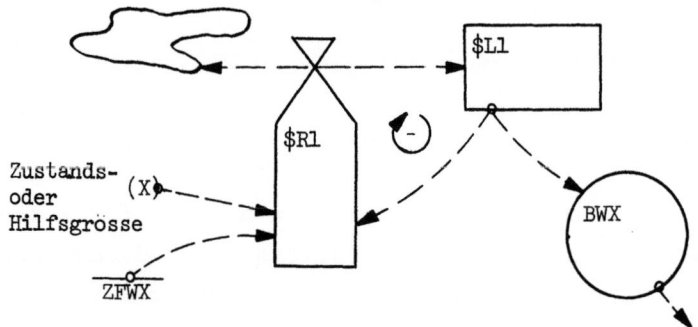

Fig. 8. 2c: Flußdiagramm für DLINF1

wiederholt das durch die Modellgleichung bestimmte Ergebnis. Da diese Spezialfunktion eine Rückkopplungsschleife erster Ordnung bildet, zeigt sie auf Inputvariationen ebenfalls einfache exponentielle Verhaltensreaktionen.

Die verbleibenden beiden Funktionen DLINF3 und DELAY3 sind jede für sich Folgen von drei Feedback-Loops erster Ordnung zum Hervorbringen einer exponentiellen Verzögerung dritten Ordnung.

DLINF3 ist, ebenso wie DLINF1, Bestandteil von Informationskanälen. Die DLINF3-Funktion erzeugt jedoch einen anderen zeitabhängigen Output. Der Output reagiert hier zunächst langsamer auf einen Input als DLINF1; später übersteigt er jedoch die DLINF1-Kurve. Das Ergebnis entspricht eher der Verzögerung eines "physischen" oder "reinen" Flusses, in dem

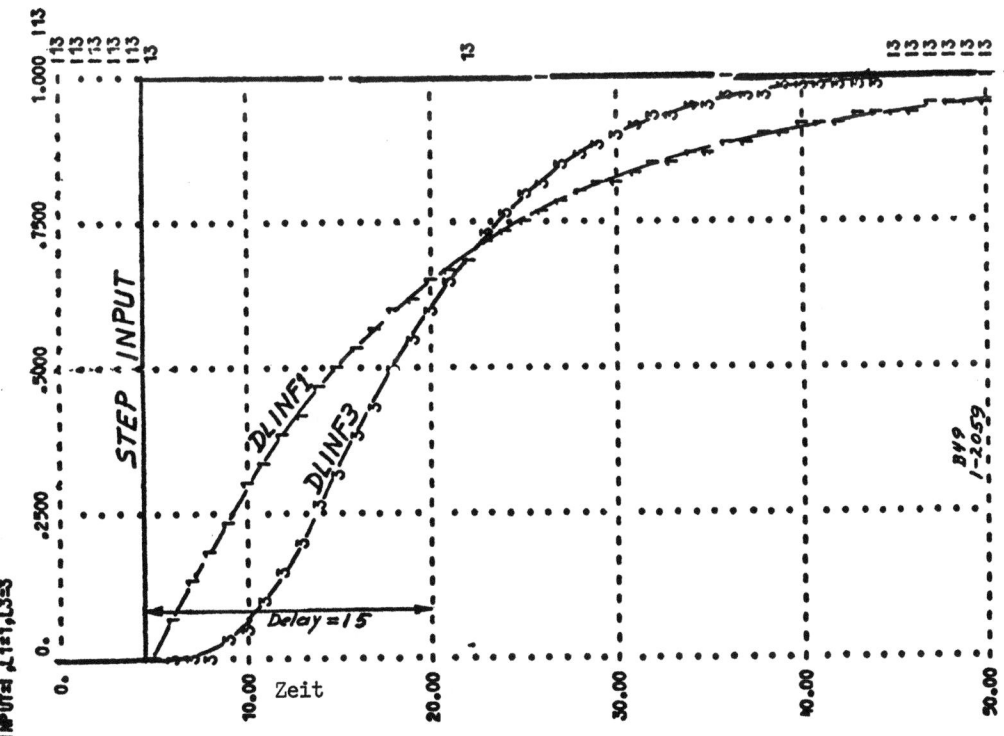

Fig. 8. 2d: DLINF1- und DLINF3-Reaktionen auf einen Step-Input bei einer Verzögerung von 15 Zeiteinheiten

der Input, unter Berücksichtigung einer Verzögerung, genau dem Output entspricht. Die unterschiedlichen Wirkungen von DLINF1 und DLINF3 bei einer Verzögerung von jeweils 15 Zeiteinheiten sind in Fig. 8. 2d veranschaulicht. In beiden Fällen ist der Input eine Stepfunktion.

DLINF3 läßt sich in Gleichungsform - mit ähnlicher Bedeutung wie DLINF1 - ausdrücken:

$$BWX.K = DLINF3 (X.K, ZFWX) \qquad GL. 8.2-3 \quad A$$

Fig. 8. 2e zeigt das Flußdiagramm für die folgenden Gleichungen, die von DYNAMO zur Erzeugung exponentieller Verzögerungen dritter Ordnung in Informationsströmen erstellt werden:

```
$R1.KL = (X.K - $L1.K)(ZFWX/3)      R
$L1.K  = $L1.J + (DT) ($R1.JK)      L
$L1    = X                          N
$R2.KL = ($L1.K - $L2.K)/(ZFWX/3)   R
$L2.K  = $L2.J + (DT) ($R2.JK)      L
$L2    = X                          N
$R3.KL = ($L2.K - $L3.K)/(ZFWX/3)   R
$L3.K  = $L3.J + (DT) ($R3.JK)      L
$L3    = X                          N
BWX.K  = $L3.K                      A
```

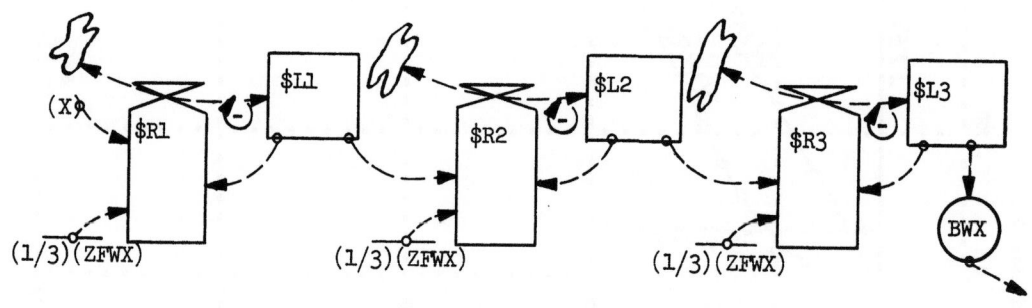

Fig. 8. 2e: Flußdiagramm für DLINF3

Die Gleichungen und das Flußdiagramm zeigen drei Ausschnitte, die große Ähnlichkeit mit den Gleichungen und dem Flußdiagramm für DLINF1 haben, mit der Ausnahme, daß die Verzögerungskonstante hier in jedem Abschnitt gleich einem Drittel des Gesamtwertes entspricht.

DELAY3 gleicht DLINF3. Es handelt sich hier ebenso um die Verkettung von drei negativen Rückkopplungsschleifen erster Ordnung. Deshalb hat diese Spezialfunktion auch dieselbe dynamische Verhaltensreaktion. Sie unterscheidet sich nur in der Anordnung im Fluß der Menge von einem zum anderen Punkt. Solchermaßen empfängt sie eine Flußrate als Input und gibt auch wieder eine Flußrate als Output ab. DELAY3 wird benutzt, um eine Verzögerung in der Übertragung einer Menge von einem Input zu einem Output zu erzeugen. Wie in Fig. 8. 2f illustriert, unterscheiden sich DELAY3 und DLINF3 durch die Stellung von Raten und Zustandsgrößen sowie durch den Fluß von Zustand zu Zustand,

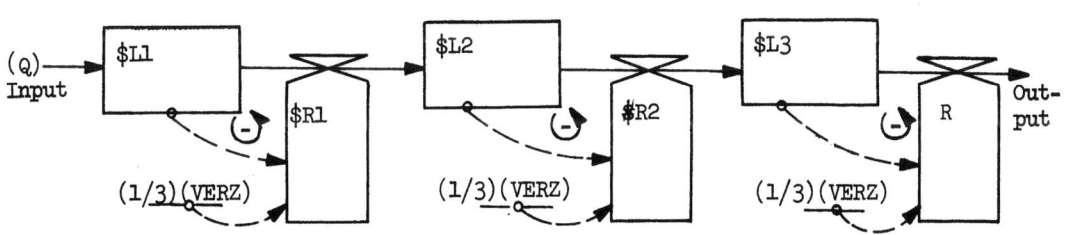

Fig. 8. 2f: Flußdiagramm für DELAY3

wobei die jeweils folgende Zustandsgröße der vorhergehenden angepaßt wird. DELAY3 kann in der folgenden Form geschrieben werden:

R.KL = DELAY3 (Q.JK, VERZ)

R = Outputrate des Verzögerungsgliedes (Einheiten/Zeit)
Q = Inputrate des Verzögerungsgliedes (Einheiten/Zeit)
VERZ = Verzögerung zwischen Q und R (Zeiteinheiten).

Bei der Eingabe der vorstehenden Funktion wird von DYNAMO die folgende Gruppe von Gleichungen aufgestellt und gelöst:

```
$L1.K  = $L1.J + (DT) (Q.JK - $R1.JK)      L
$L1    = (Q) (VERZ/3)                       N
$R1.KL = $Lk,K/(VERZ/3)                     R
$L2.K  = $L2.J + (DT) ($R1.JK - $R2.JK)    L
$L2    = (Q) (VERZ/3)                       N
$R2.KL = $L2.K/(VERZ/3)                     R
$L3.K  = $L3.J + (DT) ($R2.JK - R.JK)      L
$L3    = (Q) (VERZ/3)                       N
R.KL   = $L3.K / (VERZ/3)                   R
```

In Reaktion auf einen STEP-Input zum Zeitpunkt Q würde der Output von DELAY3 zum Zeitpunkt R dieselbe Form haben, wie wir sie für DLINF3 in Fig. 8. 2d gesehen haben. Fig. 8. 2g veranschaulicht, wie DELAY3 auf einen RAMP-Input reagiert. DLINF3 würde in diesem Fall die gleiche Verhaltensweise bewirken. In Tabelle 8. 2a sind alle Gleichungen und Anweisungen enthalten, die notwendig sind, um das Verhalten von Fig. 8. 2g zu erzeugen:

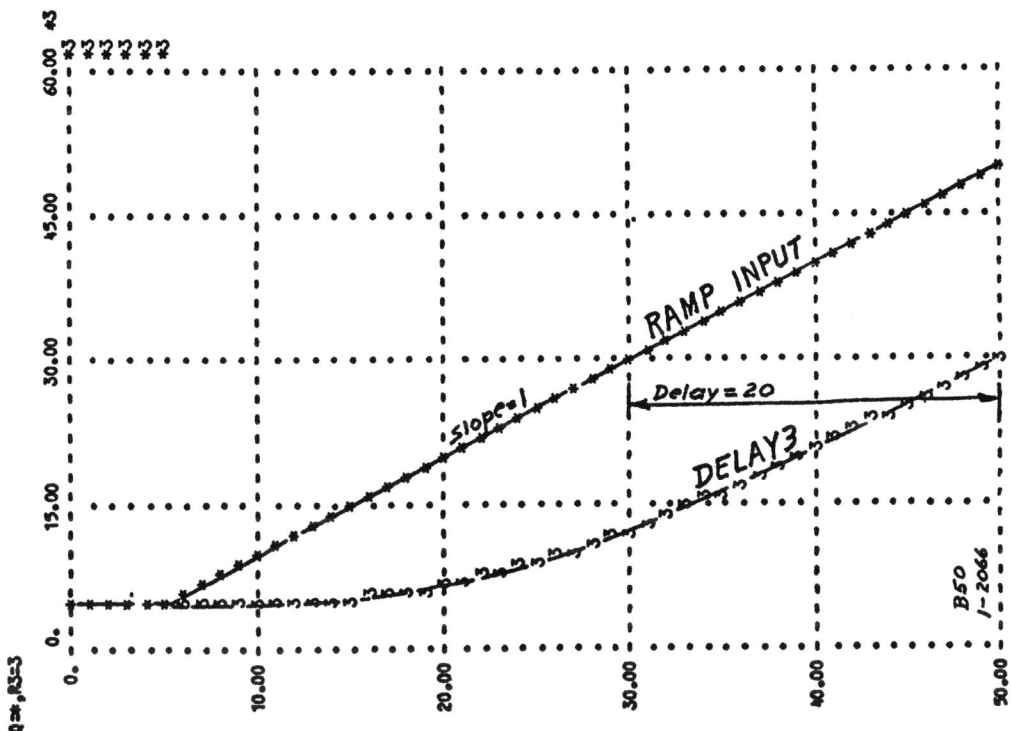

Fig. 8. 2g: RAMP-Input mit einer Verzögerung von
20 Zeiteinheiten

```
0.1      *       RAMPEN UND VERZOEGERUNGEN
0.2      RUN
1        R       Q.KL=QA+RAMP(RB,RZ)
1.1      C       RB=1
1.2      C       RZ=5
1.3      C       QA=5
2        R       R3.KL=DELAY3(Q.JK,VERZ)
2.1      C       VER=20      VERZOEGERUNG
3        PLOT    Q=*,R3=3(0,60)
4        C       DT=1
4.1      C       LENGTH=50
4.2      C       PRTPER=0
4.3      C       PLTPER=1
```

Tabelle 8. 2a: DYNAMO-Modell für Fig. 8. 2g

Das dynamische Verhalten exponentieller Verzögerungen ist
in Fig. 8. 2h veranschaulicht. Hier dient eine Sinusfunktion
als Input für zwei DELAY3-Funktionen, wobei die Verzögerung
der einen Funktion gleich ein Fünftel der Sinusperiode und
die Verzögerung der anderen Funktion gleich der Sinusperiode
ist. Zu beachten ist, daß die längere Verzögerung die Fluktuationen stärker dämpft. Der Output bei jeder Verzögerung hat
eine kleinere Amplitude als der Input; er ist verzögert. Eine
längere Verzögerung hat eine größere Wirkung.

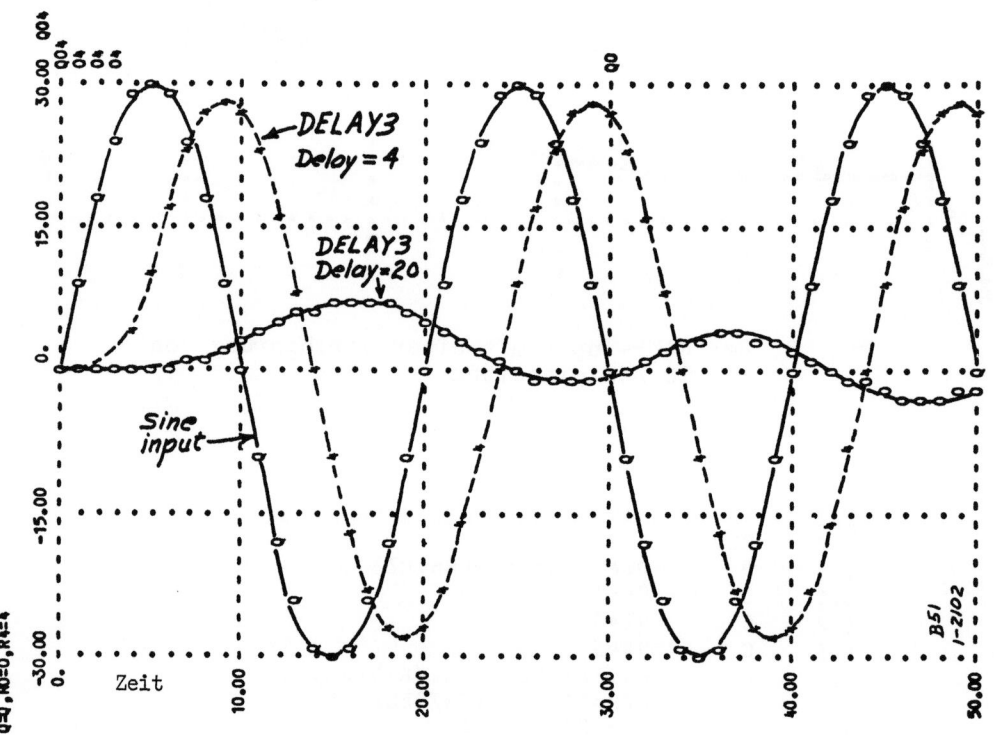

Fig. 8. 2h: Sinusinput in zwei DELAY3-Funktionen mit Verzögerungen von 4 und 20 Zeiteinheiten

Tabelle 8. 2b enthält die DYNAMO-Gleichungen für Fig. 8. 2h.

```
0.1     *       SINUSSCHWINGUNGEN UND VERZOEGERUNGEN
0.2     RUN
1       R       Q.KL=30*SIN(6.283*TIME.K/SP)
1.1     C       SP=20
2       R       RO.KL=DELAY3(Q.JK,D20)
2.1     C       D20=20
3       R       R4.KL=DELAY3(Q.JK,D4)
3.1     C       D4=4
4       PLOT    Q=Q,RO=0,R4=4(-30,30)
5       C       DT=1
5.1     C       LENGTH=50
5.2     C       PLTPER=1
5.3     C       PRTPER=0
```

Tabelle 8. 2b: DYNAMO-Anweisungen zur Erzeugung
von Fig. 8. 2h

9. Informationsverbindungen

In der Struktur eines Systems haben die die Zustands- und Flußgrößen verbindenden Informationskanäle einen anderen Charakter als die Ströme zwischen den Systemzuständen. Die Informationsverbindungen lassen die Informationsquellen erkennen, die die Flußgrößen determinieren. Die in eine Ratengleichung fliessenden Informationen beeinflussen nicht die Systemzustände, aus denen sie herrühren. Die Ströme (Aktionen) dagegen, die durch eine Ratengleichung kontrolliert werden, bewirken Veränderungen bei den Zustandsgrößen.

Die Flußgleichungen kontrollieren die Bewegung einer Menge zu oder von einem Systemzustand. Die Menge in einem Zustand ist "konserviert", d.h., sie verändert sich nicht selbst, sondern nur über die Zu- und Abflüsse. Ein Fluß transportiert eine Menge von einem Zustand zum anderen (oder von einer Quelle oder zu einer Senke). Die Vergrösserung eines Zustandes erfolgt immer auf Kosten der Verkleinerung eines anderen Zustandes.

Eine Information über einen Status kann als Input einer Ratengleichung benutzt werden, ohne daß dadurch der Zustand beeinflußt wird. Informationsverbindungen von einem Zustand zu einer Rate verändern nicht den Inhalt des Zustandes, von dem sie ausgehen. Informationsströme sind also keine "konservierten" Flüsse. Informationen verschwinden nicht, wenn man sie nutzt. Informationen können vervielfältigt werden, ohne sie dabei zu zerstören oder zu erschöpfen[1].

---

1) In ungewöhnlichen Situationen wird im Akt der Informationssammlung oft eine Einflußnahme auf die Bedingungen der Quelle, von der sie herrühren, gesehen. Fragt man nach der Haltung einer Person, so kann dabei eine Folge von Gedanken ausgelöst werden, die das Bild über diese Haltung ändern. Eine zu Analysezwecken aus einer Chemikalie entnommene Stichprobe verändert die verbleibende Chemikalie. In der Atomphysik kann die Position oder Geschwindigkeit eines Partikels durch den Akt der Messung verändert werden. Dies sind jedoch keine Ausnahmen zu den oben aufgestellten Regeln über die Konservierung eines Systemzustandes und die nicht konservierende Natur der Informationen. Wo das Messen die zu messende Menge be-

Fig. 9a zeigt einen Systemausschnitt zur Demonstration des Unterschiedes zwischen Informationsverbindungen und Flußraten. Die Rate R1 ist ein physischer Fluß von einer Quelle in den Systemzustand L1. Die Rate R2 bewegt dasselbe Material, wie die Rate R1 vom Zustand L1 zum Zustand L2. Die Zustände L1 und L2 müssen die gleichen Dimensionen haben, da die Art des Flußinhaltes unverändert bleibt. Die gestrichelten Linien von L1 nach R1 und von L1 nach R2 sind Informationsverbindungen.

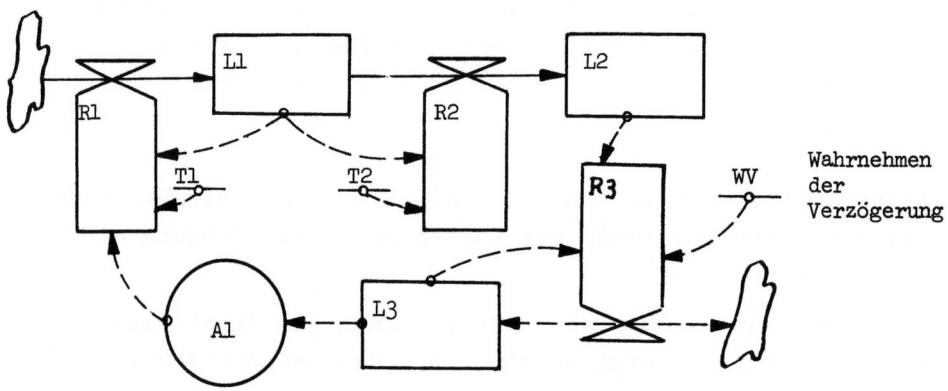

Fig. 9a: Informationsverbindungen und Flußraten

Informationen über L1 werden hier benutzt, um die Raten R1 und R2 zu bestimmen; diese Verbindungen selbst repräsentieren jedoch keinen Fluß, der L1 erschöpfen könnte. Der Zustand L3 ist Teil des Informationsnetzwerkes. Ähnlich wie andere Zustandsgrößen wird er nur durch den entsprechenden Fluß R3 verändert. Die gestrichelte Informationslinie von L3

---

noch Anm. 1 von S.
    einflußt, vollziehen sich mehrere simultane Prozesse. In dem einen Prozeß erhält man die Information über einen Systemzustand. In dem anderen, mit dem ersten in Beziehung stehenden und vielleicht von diesem gar untrennbaren Prozeß wird eine Flußrate zu oder von dem Systemzustand erzeugt.

zur Quelle und Senke repräsentiert den Fluß, der L3 verändert. Sein Wesen ist jedoch von anderer Natur als die von L2 und L3 ausgehenden gestrichelten Linien, die in R3 enden. Diese letzten beiden Verbindungen zeigen, daß R3 zwar sowohl von den Werten der Zustände L2, als auch von L3 abhängt, daß diese Verbindungen, deren Ausgangspunkte durch kleine Kreise gekennzeichnet sind, die entsprechenden Zustandsgrößen aber nicht beeinflussen. Der Fluß zwischen L3 und der Quelle bzw. Senke wird von R3 kontrolliert und verändert den Zustand von L3. Nur die Informationsverbindungen sind Input für die Ratengleichungen. Hilfsgleichungen wie A1 sind Bestandteile von Ratengleichungen und sind nur im Informationsnetzwerk zu finden.

Die Unterscheidung zwischen Informationsverbindungen und Flüssen ist einfach. Hierüber bestehende Unklarheiten führen jedoch oft zu Schwierigkeiten bei der Modellkonstruktion. Die erwähnten Punkte sind bedeutsam genug, um in Merksätzen für die Modellformulierung nochmals wiederholt zu werden.

```
* * * * * * * * * * * * * * * * * * * * * * * *
* * * * * * * * * * * * * * * * * * * * * * * *
```

   Prinzip 9.1   <u>Hilfsvariable sind Bestandteile des Informationsnetzes</u>

        Eine Hilfsvariable ist Teil einer Rategleichung und muß in einem Informationskanal liegen, der von einem Systemzustand zur Rate führt.

```
* * * * * * * * * * * * * * * * * * * * * * * *
* * * * * * * * * * * * * * * * * * * * * * * *
```

Alle Zustandsgleichungen integrieren Zu- und Abflußraten. Ein Systemzustand wird durch einen entsprechenden Fluß verändert. Ein Zustand kann auch als eine "konservierte"

Menge (Bestandsgröße) bezeichnet werden. Er kann nur durch
das Hinzufügen einer von irgendwo entnommenen Menge vergrössert
oder durch Mengenentnahmen verkleinert werden. In
der Physik wurden die Gesetze über die Erhaltung von Materie,
Energie und Kraft klar erkannt. Das Konzept der Konservierung
läßt sich jedoch umfassender anwenden. Das Phänomen
der Gelderhaltung kann zum Beispiel beobachtet werden,
wenn Beträge von Konto zu Konto transferiert werden. Das
gleiche Phänomen liegt vor, wenn Personen zwischen verschiedenen
Orten bewegt werden. Ähnlich ist es mit immateriellen
Dingen, wie zum Beispiel dem Ruf einer Unternehmung. Er ändert
sich nur durch einen Prozeß, d.h. wenn begünstigende
oder nicht begünstigende Aktionen Veränderungen verursachen.
Jeder Systemzustand, gleichgültig ob in einem physikalischen
oder nicht physikalischen System, sorgt für Systemkontinuität;
er ändert sich nur, wenn die adäquaten Flußraten Veränderungen
verursachen.

* *
* *

Prinzip 9.2   **Zustände kommen in erhaltenden Subsystemen vor**

Alle Systemzustände sind konservierte
Mengen. Sie können nur verändert werden,
wenn die entsprechenden Mengen
zwischen den Zuständen (oder zu oder von
einer Senke oder Quelle) bewegt werden.

* *
* *

In einem konservierenden Subsystem sind die Inhalte von
derselben Art; die Dimensionen sind identisch. Die die
Systemzustände verbindenden Flußraten sind in denselben
Maßgrößen per Zeiteinheit ausgedrückt.

* * * * * * * * * * * * * * * * * * * *
* * * * * * * * * * * * * * * * * * *

Prinzip 9.3 **In konservierenden Sub-
             systemen sind die Di-
             mensionen identisch**

In einem Subsystem mit konservierenden
Flüssen haben alle Systemzustände dieselben Dimensionen; alle Raten sind in
den gleichen Maßeinheiten per Zeit ausgedrückt.

* * * * * * * * * * * * * * * * * * * *
* * * * * * * * * * * * * * * * * * *

Informationsverbindungen repräsentieren keine Flüsse zwischen den Systemzuständen. Eine Information ist nicht konserviert. Sie kann jedoch benutzt werden, ohne sich zu erschöpfen.

* * * * * * * * * * * * * * * * * * * *
* * * * * * * * * * * * * * * * * * *

Prinzip 9.4 **Informationsströme sind
             keine konservierenden
             Flüsse**

Informationen werden nicht erschöpft,
wenn man sie nutzt. Sie sind nicht Gegenstand von Erhaltungsgesetzen. Informationen können übermittelt werden,
ohne daß dabei ihre Quelle zerstört
wird.

* * * * * * * * * * * * * * * * * * * *
* * * * * * * * * * * * * * * * * * *

Die Verbindungen zwischen Systemzuständen und Flußraten
sind immer Informationsströme, die selbst nicht die Zustände beeinflussen, über die sie Auskunft geben.

*　*　*　*　*　*　*　*　*　*　*　*　*　*　*　*　*　*　*　*
*　*　*　*　*　*　*　*　*　*　*　*　*　*　*　*　*　*　*　*

Prinzip 9.5   Informationsströme verbinden Systemzustände und Flußraten

Die von den Systemzuständen ausgehenden Informationsströme dienen zur Steuerung der Flußraten. Die Informationsströme sind der einzige Input der Ratengleichungen.

*　*　*　*　*　*　*　*　*　*　*　*　*　*　*　*　*　*　*　*
*　*　*　*　*　*　*　*　*　*　*　*　*　*　*　*　*　*　*　*

Eine Entscheidungsregel (Ratengleichung), die eine Flußrate steuert, kann nur gegenüber den verfügbaren Informationen an einem bestimmten Punkt im System reagibel sein. Sehr oft besteht die Tendenz, Störungen im Informationsnetz, die zwischen den "wahren" Systemzuständen und ihren augenscheinlichen Werten auftreten, zu übersehen. Informationen können verzögert sein. Sie können mit Zufallsfehlern behaftet sein. Sie können gestört sein und eine Verschiebung vom "wahren" Wert anzeigen. Sie können verdreht sein und Fehler enthalten, die von der zeitlichen Entwicklung des Informationsstromes selbst abhängen. Schließlich können sie Gegenstand des "Aneinandervorbeiredens" sein, wobei sich die Information in scheinbar gleicher Definition bewegt oder aus scheinbar gleicher Quelle stammt. All diese Prozesse kommen in Informationskanälen vor. Im Prinzip ist die "wahre" Information nie an einem Entscheidungspunkt im System verfügbar. Aus rein praktischen Gründen kann die Diskrepanz zwischen den wahren und den beobachteten Werten jedoch oft vernachlässigt werden. Beobachtete Informationen werden aber im Modell nicht direkt vom "wahren" Zustand zum Entscheidungspunkt, sondern über eine dazwischenliegende Hilfsgleichung oder über einen Informationsbestand geführt. Mit Hilfsgleichungen können einfache algebraische Variationen in den Informationskanal eingeführt werden; es kann sich dabei um additive Abweichungen oder um Zufallsfehler handeln.

Ein zwischengeschalteter Informationsstand kann zeitabhängige Verzerrungen bewirken.

* *
* *

Prinzip 9.6   <u>Entscheidungen (Raten)</u>
                 <u>basieren nur auf verfüg-</u>
                 <u>baren Informationen</u>

Nur beobachtete oder verfügbare Informationen können eine Entscheidung beeinflußen. "Wahre" Systemzustände werden innerhalb des Informationsnetzes oft verändert, bevor sie an einem Entscheidungspunkt verfügbar werden.

* *
* *

Aus den Merksätzen 9.2 und 9.5 folgt, daß die Informationsströme die Verbindungen zwischen den verschiedenen konservierenden Subsystemen eines Systems herstellen. In Fig. 9b zum Beispiel bewegen sich Personen nur zwischen Personalbestände darstellenden Systemzuständen; Lagergüter bewegen sich nur zwischen Lägern. Die Informationsströme jedoch verbinden die Zahl der Arbeiter im Personalsystem (Personen) mit der Produktionsrate (Produkteinheiten/Monat) im Lagerhaltungssystem. Sie determinieren die Transferrate zwischen dem Rohmaterial- und dem Fertigwarenlager.

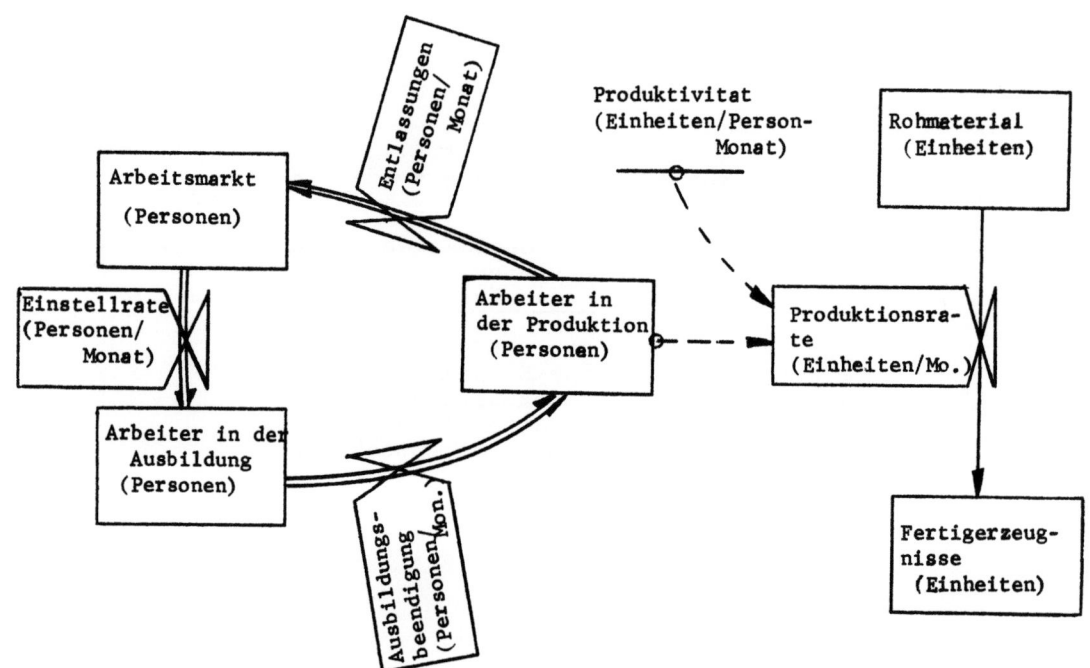

Fig. 9b: Informationsstrom zwischen konservierenden Subsystemen

* * * * * * * * * * * * * * * * * * * *
* * * * * * * * * * * * * * * * * * * *

Prinzip 9.7   <u>Informationen als verbindende Netze der Systeme</u>

Nur Informationsströme können die einzelnen Subsysteme verbinden. Informationen über die Zustände in einem Subsystem können die Flußraten in einem anderen Subsystem kontrollieren.

* * * * * * * * * * * * * * * * * * * *
* * * * * * * * * * * * * * * * * * * *

Die in Rategleichungen fliessenden Informationsströme
werden gewöhnlich mit Hilfe von Koeffizienten in die richtigen Dimensionen gebracht. Dies ist notwendig, da die verschiedenen Subsysteme im allgemeinen unterschiedliche Dimensionen haben. Des weiteren besteht in der Regel ein Unterschied im Zeitmaß zwischen den Rateneinheiten und den
Einheiten der Zustände, von denen die Informationsströme
ausgehen. In Fig. 9b wird die Dimensionsumwandlung mit Hilfe des Produktivitätskoeffizienten erreicht; er stellt die
Beziehung zwischen den Arbeitern und der Produktionsrate
her.

(Personen)(Einheiten/Person - Monat) = Einheiten/Monat

Der Produktivitätskoeffizient verwandelt hier Personen in
Einheiten (Einheiten/Person) und einen Zustand in eine Rate (1/Monat).

* *
* *

Prinzip 9.8   <u>Umwandlungskoeffizienten</u>
               <u>kommen nur im Informa-</u>
               <u>tionsnetz vor</u>

Informationsströme erfordern gewöhnlich
Umwandlungskoeffizienten, um die Dimensionen zwischen den verschiedenen Subsystemen gleichnamig zu machen oder eine
Transformation der Dimensionen von Zuständen in Flußraten herzustellen (1/Zeit).
Die Umwandlungskoeffizienten kommen nur im
Informationsnetz zwischen den Systemzuständen und den Flußraten vor.

* *
* *

Die Umwandlungskoeffizienten sollten jedoch nie in ein Modell eingeführt werden, nur um die Dimensionsgleichheit herzustellen. Jeder Koeffizient sollte vielmehr eine Bedeutung im abzubildenden realen System haben. Er sollte einen numerischen Wert besitzen, der sich direkt aus der Beobachtung des Realsystems ableiten läßt. Umwandlungsfaktoren sollten mehr als Korrelationskoeffizienten darstellen, die sich rein statistisch aus den Zeitreihen des aktuellen Systems ableiten lassen. Die Koeffizienten müssen bestimmte Prozesse im System beschreiben.

* *
* *

Prinzip 9.9   **Umwandlungskoeffizienten sind Phänomene im Realsystem**

Umwandlungskoeffizienten werden nicht nur zu dem Zweck eingeführt, Dimensionen gleich zu machen, sie stellen auch keine abstrakten Werte einer statistischen Analyse dar. Sie sollten vielmehr zu aktuellen Prozessen in Realsystemen Bezug und numerische Werte haben, die aus Beobachtungen der entsprechenden Systemzustände hergeleitet werden können.

* *
* *

10. Integration

In den Abschnitten 4 und 5 wurde die Struktur einer Rückkopplungsschleife (Regelkreis) als eine alternierende Folge von Systemzuständen und Flußraten beschrieben. Die Systemzustände akkumulieren die Flußraten. Die Zustandsgleichungen sind Integrale; sie berücksichtigen die Tatsache der vorwärtsschreitenden Zeit.

Das dynamische Verhalten resultiert aus dem Prozeß der Integration. Die Integration kann eine Variable erzeugen, deren Verhalten und deren Stellung in der Zeit von jenen die Inputrate repräsentierenden Variablen abweicht. Nur mit einer klaren Vorstellung von der Integration und ihrem Einfluß auf die Entwicklung der Flußraten im Zeitablauf kann man das Verhalten von Rückkopplungsschleifen, die sich aus alternierenden Integrationen und Flußraten zusammensetzen, verstehen.

10.1 Integration einer Konstanten

Um zu sehen, wie mit Hilfe der Integration eine Variable erzeugt werden kann, deren Entwicklung sich von der zufliessenden Rate unterscheidet, soll der Einfluß mehrerer Integrationen auf eine konstante Flußrate betrachtet werden. Fig. 10.1a ist ein Flußdiagramm für die folgenden Gleichungen, bei denen die Systemzustände jeweils in Einheiten und die Flußgrößen in Einheiten/Zeit gemessen werden:

```
      R1.KL = C                       R
      C = 1                           C
      L1.K = L1.J + (DT)(R1.JK)       L
      L1 = 0                          N
      R2.KL = L1.K/A2                 R
      A2 = 1                          C
      L2.K = L2.J + (DT)(R2.JK)       L
      L2 = 0                          N
      R3.KL = L2.K/A3                 R
      A3 = 1                          C
      L3.K = L3.J + (DT)(R3.JK)       L
      L3 = 0                          N
```

C = konstanter Fluß zum ersten Systemzustand
 (Einheiten/Zeit)
A2, A3 = Konstanten, die Zustände und Raten in Beziehung setzen
 (Einheiten per Einheit/Zeit = Zeit).

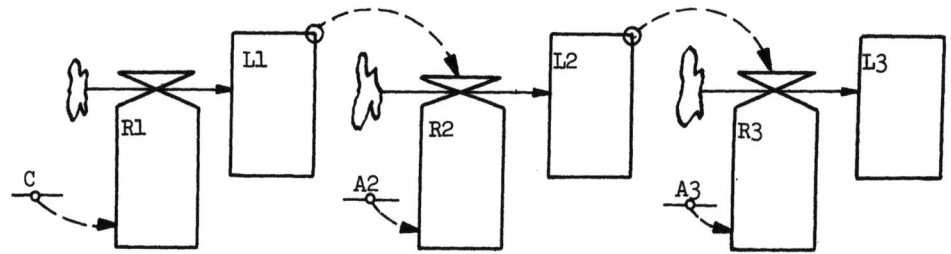

Fig. 10. 1a: Konstanter Input für drei hintereinandergeschaltete Integrationen

Der erste Systemzustand akkumuliert eine konstante Flußrate, wie aus den Gleichungen und aus dem Flußdiagramm zu ersehen ist. Die zweite Rate ist proportional zum ersten Systemzustand und wird in den zweiten Systemzustand integriert. Die dritte Rate ist proportional zum zweiten Systemzustand und wird in den dritten Systemzustand integriert. Fig. 10. 1b veranschaulicht die Zeitreihen[1] dieser vier Mengen: die konstante Inputrate C, die gleich 1 Einheit/Zeit beträgt, und die korrespondierenden Werte der drei hintereinandergeschalteten Systemzustände L1, L2 und L3.

---

1) Der Terminus Zeitreihe wird hier auch im Sinne von (stetigen) Zeitfunktionen gebraucht.

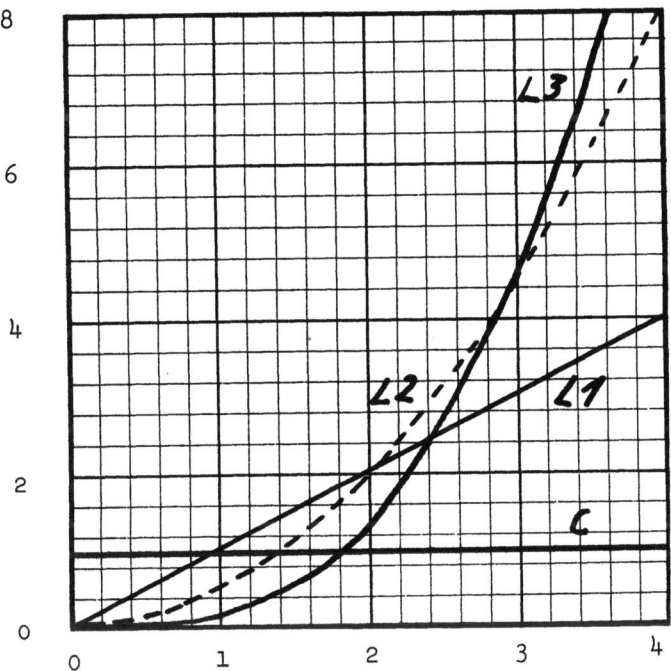

Fig. 10. 1b: Kurven von hintereinandergeschalteten Integrationen

Wie wir aus der Mathematik wissen, ergibt die Integration einer Konstanten C ein Ergebnis, das sich proportional zur Zeit verhält:

$$\int C dt = Ct$$

Graphisch läßt sich dieses Ergebnis mit einer Geraden darstellen, deren Steigung C ist. In Fig. 10. 1b ist das erste Integral durch die Kurve der Werte von L1 wiedergegeben. Das Integral von Ct ist

$$\int Ct\,dt = \tfrac{1}{2} Ct^2$$

und erscheint in Fig. 10. 1b als Parabel (L2). Wird diese Parabel wiederum integriert,

$$\int Ct^2 dt = \tfrac{1}{2} C \int t^2 dt = \tfrac{1}{2} C \left(\tfrac{1}{3} t^3\right) = \tfrac{C}{6} t^3$$

so erhält man die kubische Kurve L3 in Fig. 10. 1b. Ein Vergleich der Kurven für C, L1, L2 und L3 zeigt, wie eine Integration die Zeitreihe einer Variablen verändern kann.

Die Variationen der Zeitreihen in Fig. 10. 1b wurden durch das offene System in Fig. 10. 1a erzeugt. Es gibt hier keine Verbindung vom Ergebnis der Integration zurück zum Input. Würde eine solche, eine Rückkopplungsschleife bildende Verbindung bestehen, so würde der Output zum Input werden und die Form des Outputs müsste notwendig gleich der Form des Inputs sein. Es erhebt sich nun die Frage, ob es Kurvenformen gibt, die nicht durch eine Integration verändert werden. Wenn dem so ist, dann muß sich eine solche Zeitreihe dazu eignen, in einer geschlossenen Schleife, die Integrationen enthält, in Umlauf gebracht zu werden.

Es gibt in der Tat eine Familie von Kurven, deren Form nicht durch eine Integration verändert wird. Eine Rückkopplungsschleife kann mehrere dieser Kurven erzeugen. Diese Kurvenfamilie enthält sowohl die einfachen Exponentialfunktionen, sowie auch die komplexeren Exponentiale, die als Sinus- und Cosinusfunktionen gemeinhin mehr bekannt sind.

10.2 Integrationen erzeugen Exponentialfunktionen

Alle positiven Rückkopplungsschleifen und alle negativen Rückkopplungsschleifen erster Ordnung erzeugen ein Verhalten, das dem einer einfachen Exponentialfunktion entspricht. Negative Rückkopplungsschleifen höherer Ordnung verursachen Sinusschwingungen. Dieser Abschnitt beschäftigt sich damit, wie exponentielle Kurvenverläufe durch Integrationsprozesse hervorgerufen werden; und zwar bei positiven und negativen Regelkreisen erster Ordnung und bei positiven Regelkreisen höherer Ordnung.

Die einfache Exponentialfunktion ist definiert als $e^{t/T}$, wobei e = 2.718 ...... die Basis der natürlichen Logarithmen ist. Im Exponenten ist t die Zeit und T die "Zeitkonstante" der exponentiellen Änderung. Die Zeitkonstante hat die Dimension Zeit, so daß der Exponent t/T dimensionslos ist.

Fig. 10. 2a zeigt die Exponentialfunktion für positive Exponenten:

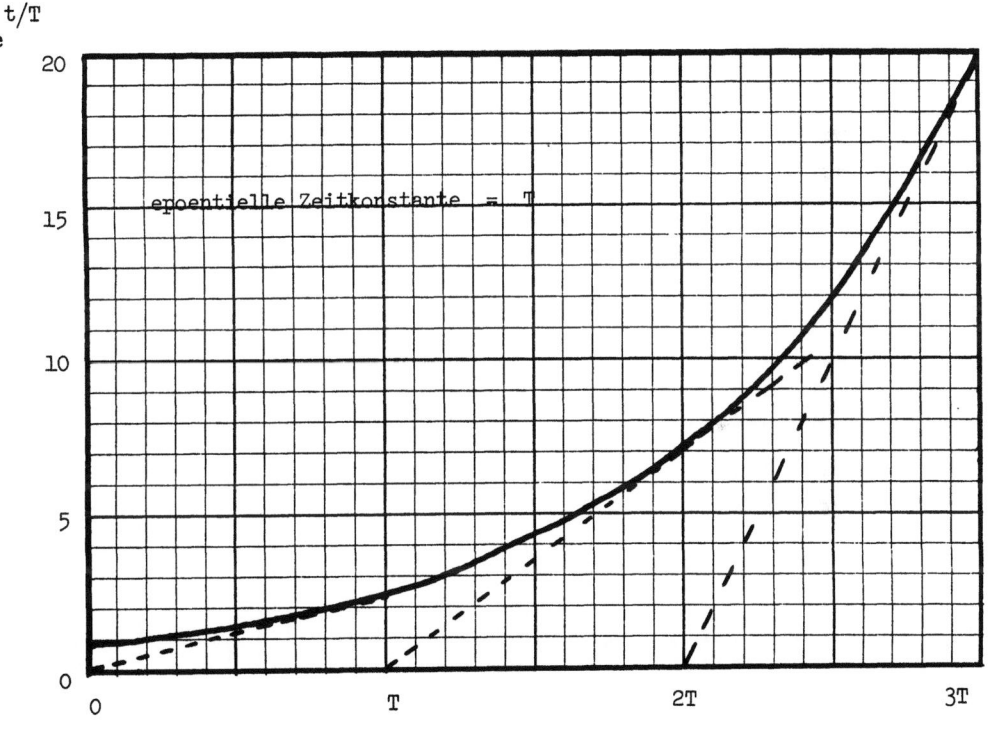

Fig. 10. 2a: positive Exponentialkurve

Im positiven Regelkreis ist der Exponent positiv. Der Wert der Funktion steigt im Zeitablauf mit ständig zunehmender Rate. Die Steigung der Kurve verdoppelt sich jeweils im Abstand einer Zeitkonstanten T. Die Krümmung der Kurve ist

gewöhnlich nach oben gerichtet, so daß sich der Wert der
Kurve nach je einer Zeitkonstanten um den Faktor e = 2.718
.... vervielfacht. Eine tatsächliche Verdoppelung erfolgt
bei $e^{t/T}$ = 2 oder näherungsweise bei t/T = .7 bzw. t = .7T;
der Wert verdoppelt sich also in ungefähr 70 % der Dauer
einer Zeitkonstanten. In Fig. 10. 2a ist zu erkennen, daß
eine in irgendeinem Punkte an die Kurve angelegte Tangente
den Abzissenwert des unstabilen Gleichgewichtes (hier
gleich Null) in dem Zeitpunkt schneidet, der nur eine Zeitkonstante zurück, also bei t - T, liegt.

Fig. 10. 2b veranschaulicht eine Exponentialfunktion mit
einem negativen Exponenten; sie repräsentiert eine ziel-
suchende, negative Rückkopplungsschleife.

Wert = $e^{-t/T}$

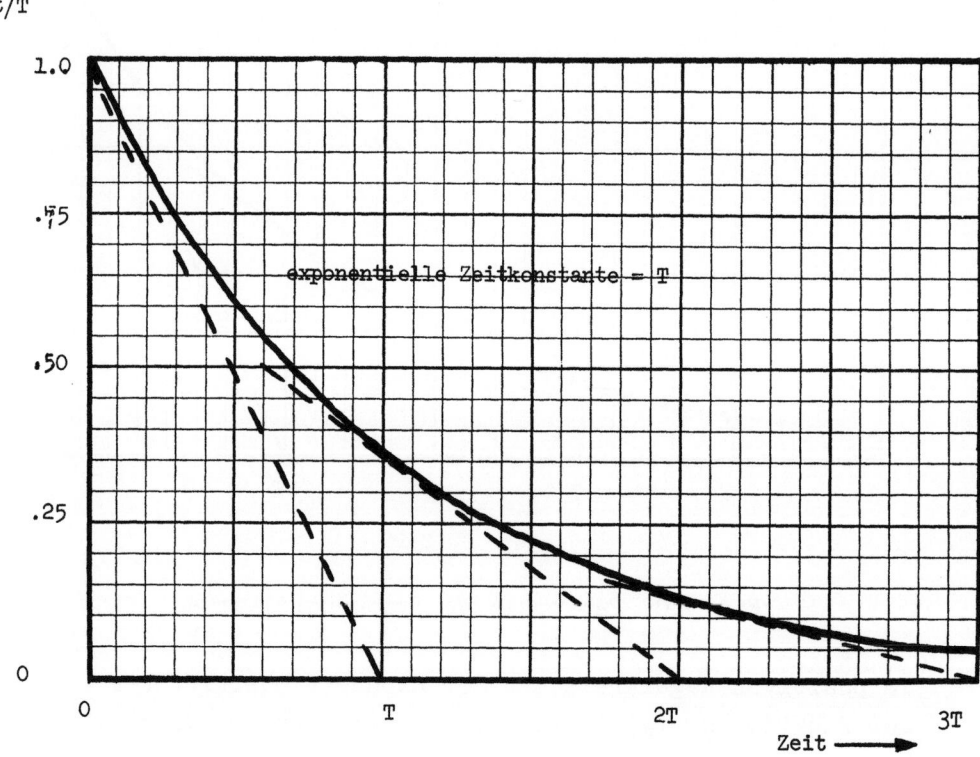

Fig. 10. 2b: negative Exponentialkurve

Hier konvergiert die Kurve gegen Null, und zwar so, daß die Steigung in jedem Punkt entlang der Zeitachse den Gleichgewichtswert (hier gleich Null) nach einer Zeitkonstanten schneidet. Da die Steigung jedoch ständig abnimmt, fällt der betrachtete Wert während der Länge einer Zeitkonstanten auf $1/e = .37\ldots$ seines Anfangswertes.

Anders als die Veränderung der Kurvenform in Abhängigkeit von t, wie sie Fig. 9.1b zeigt, wird der exponentielle Verlauf der Kurve hier nicht durch die Integration verändert. Als Ergebnis der Integration kann vielmehr nur ein konstanter Multiplikator erscheinen:

$$\int e^{t/T} dt = T e^{t/T}$$

oder für den negativen Exponenten:

$$\int e^{-t/T} dt = - T e^{-t/T} .$$

Das Integral der Exponentialfunktionen ist gleich dem Produkt aus der Exponentialfunktion, der Zeitkonstanten und dem Signum des Exponenten. Der Exponentialausdruck ist daher eine Funktion, die sich nicht verändert wenn sie integriert wird; abgesehen natürlich von dem Multiplikator.

Die Struktur einer Rückkopplungsschleife erster Ordnung führt zu einem dynamischen Verhalten, bei dem die Zustands- und Flußvariablen dieselben Zeitreihen aufweisen. Mit anderen Worten, die integrierten Raten haben dieselbe Form wie die Raten selbst, mit Ausnahme eines Multiplikators. Die Struktur des Regelkreises zwingt zu einer solchen Beziehung, denn der Output der Zustandsvariablen wird wieder zu ihrem eigenen Input.

Betrachten wir die einfache Rückkopplungsschleife in

Fig. 10. 2c, die durch die folgenden Gleichungen beschrieben wird:

$$R.KL = L.K/A \qquad \text{GL. 10.2-1 R}$$
$$L.K = L.J + (DT)(R.JK) \qquad \text{GL. 10.2-2 L}$$
$$L = N \qquad \text{GL. 10.2-2.1 N}$$

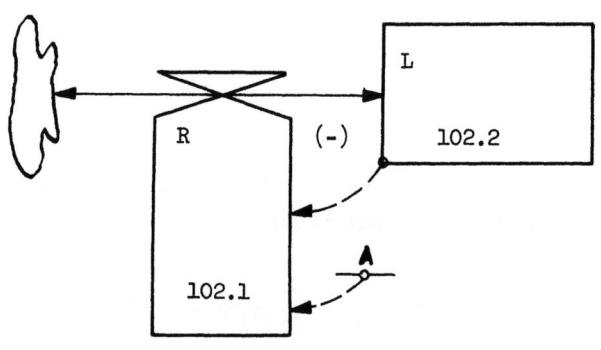

Fig. 10. 2c: negativer Regelkreis erster Ordnung

Beim Nachziehen dieses Regelkreises in Fig. 10. 2c wird deutlich, daß der Zustand L die Rate R erzeugt und R wiederum L verändert. In der das dynamische Verhalten von L veranschaulichenden Zeitreihe muß dargestellt sein, daß, wenn L durch A dividiert wird, um R zu erhalten, und wenn R integriert wird, man wiederum dasselbe L erhält. Nur die Exponentialfunktion erfüllt diese Bedingung der Formerhaltung, wenn sie integriert wird. Die analytische Lösung für die Gleichungen 10.2-1 bis 10.2-2.1, ausgedrückt in Infinitesimalschreibweise und nicht in Differenzengleichungen, ist gegeben durch:

$$L = Ne^{t/T} \qquad \text{GL. 10.2-3}$$

Obwohl dieser Ausdruck als die Lösung für den Regelkreis erster Ordnung bekannt ist, zeigen die folgenden Schritte, daß die exponentielle Lösung in Gleichung 10.2-3 mit den Bedingungen der geschlossenen Schleife übereinstimmt, d.h., daß die Zustandsvariable sich selbst erzeugt, wenn sie durch A dividiert (in Gleichung 10.2-1) und dann integriert (in Gleichung 10.2-2) wird. In Gleichung 10.2-3 ist $e^{t/T} = 1$, wenn $t = 0$ ist. L ist in diesem Fall gleich N, d.h. der richtige Anfangswert zum Zeitpunkt $t = 0$. Die Anfangsbedingung N ist deshalb der richtige Koeffizient in der Lösung. Benutzt man die Infinitesimalschreibweise für die Kalküle, so werden Gleichung 10.2-1 und 10.2-3 zu

$$R = \left(\frac{L}{A}\right) = \left(\frac{N}{A}\ e^{t/T}\right) \qquad \text{GL. 10.2-4}$$

Der Zustand L ist gleich seinem Anfangswert plus dem Integral von R (wie mit der Zustandsgleichung 10.2-2 definiert):

$$L = N + \int_0^t R\,dt = N + \frac{N}{A} \int_0^t e^{t/T}\,dt$$

$$= N + \frac{N}{A}(T) \left[e^{t/T}\right]_0^t$$

$$= N + \frac{N}{A}(T) \left(e^{t/T} - 1\right)$$

$$= \left[N - \frac{N}{A}(T)\right] + \frac{N}{A}(T)\,e^{t/T} \qquad \text{GL. 10.2-5}$$

Sowohl die Gleichung 10.2-5 als auch 10.2-3 definieren L. Beide müssten also identisch sein, wenn sie richtig sind. Abgesehen von dem Wert von T ist die Identität gegeben, wenn die Koeffizienten aller korrespondierenden Ausdrücke in t gleich sind. Der konstante Ausdruck, der in Gleichung

10.2-3 nicht enthalten ist, muß in Gleichung 10.2-5 gleich Null sein, d.h.:

$$N - \frac{N}{A}(T) = 0$$

$$T = A \qquad \text{GL. 10.2-6}$$

Hieraus ergibt sich, daß die Zeitkonstante T des exponentiellen Ausdruckes dem Multiplikator (1/A), der mit den Zustandsvariablen multipliziert wird, um auf diese Weise die Flußrate im Regelkreis erster Ordnung zu bekommen, reziprok sein muß.

Die Koeffizienten der $e^{t/T}$-Ausdrücke in den Gleichungen 10.2-5 und 10.2-3 müssen gleich sein:

$$\frac{N}{A}(T) = A,$$

was der Fall ist, wenn -gemäß Gleichung 10.2-6- T durch A ersetzt wird.

Berücksichtigt man die Bedingung T = A in Gleichung 10.2-3, so erhält man für L in Termini des Parameters A:

$$L = N e^{t/A} \qquad \text{GL. 10.2-7}$$

So wird - bei einer Ausgangsannahme wie in Gleichung 10.2-3 für L gegeben - in Gleichung 10.2-7 nach Durchlaufen der Schleife die gleiche Funktion für L erreicht; die Gleichungen 10.2-3 und 10.2-7 sind identisch. Mit anderen Worten, die angenommene Lösung ist eine mögliche Lösung und sie stimmt mit der Schleifenstruktur überein, der die Bedingung inherent ist, daß der Input des Systemzustandes gleich dem durch A dividierten Output ist.

In den Gleichungen 10.2-1 bis 10.2-7 kann die Zeitkonstante
T = A entweder positiv oder negativ sein. Dementsprechend
ist das aus der Rückkopplungsschleife resultierende Verhalten so, wie es die Figuren 10. 2a und 10. 2b zeigen. Es
handelt sich dabei um positive und negative Rückkopplungsschleifen, wie sie auch schon in den Abschnitten 2.4 und 2.2
diskutiert wurden. Fig. 2. 2c zeigt ein negatives exponentielles Verhalten, das sich in Aufwärtsrichtung auf ein Ziel
oder auf einen Gleichgewichtswert hin entwickelt. Fig. 10. 2b
ist ebenfalls eine Exponentialkurve mit negativer Steigung,
die im Diagramm von links oben nach rechts unten verläuft und
sich einem Gleichgewichtswert nähert.

* *
* *

Prinzip 10.2-1 **Exponentielles Verhalten von Regelkreisen erster Ordnung**

Ein Regelkreis erster Ordnung zeigt immer einen exponentiellen Kurvenverlauf.
Bei positiven Rückkopplungsschleifen
entfernt sich die positive Exponentialfunktion von einem Gleichgewichtswert;
bei negativen Rückkopplungsschleifen
konvergiert die Exponentialfunktion gegen ein Gleichgewicht.

* *
* *

* *
* *

Prinzip 10.2-2 **Die Zeitkonstante in einem Regelkreis erster Ordnung bringt Zustände und Raten in Beziehung**

Die exponentielle Zeitkonstante eines Regelkreises erster Ordnung ist der reziproke Wert des Multiplikators, der die Rate in Terms des Zustandes definiert.

* *
* *

In gleicher Weise, wie für den Regelkreis erster Ordnung, soll im folgenden das exponentielle Wachstum einer positiven Rückkopplungsschleife zweiter Ordnung untersucht werden. Das System ist in Fig. 10.2d abgebildet und enthält zwei Zustands- und zwei Flußgrößen. Die Zustände sind einfache Integrationen, d.h. keine ist in eine zusätzliche Rückkopplungsschleife erster Ordnung eingebettet, wie dies zum Beispiel in Fig. 2.3a der Fall war.
Die Gleichungen für dieses System zweiter Ordnung (zwei Systemzustände) sind im folgenden definiert, wobei A1 und A2 positive Konstanten sind (wäre eine negativ, so wäre die Schleife ebenfalls negativ; dieser Fall soll im nächsten Abschnitt noch diskutiert werden):

```
   R1.KL = L2.K/A1              GL. 10.2-8     R
    L1.K = L1.J + (DT)(R1.JK)   GL. 10.2-9     L
      L1 = N1                   GL. 10.2-9.1   N
   R2.KL = L1.K/A2              GL. 10.2-10    R
    L2.K = L2.J + (DT)(R2.JK)   GL. 10.2-11    L
      L2 = N2                   GL. 10.2-11.1  N
```

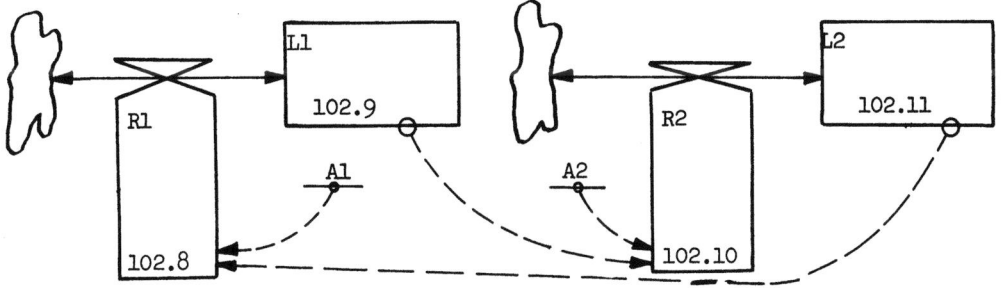

Fig. 10. 2d: Rückkopplungsschleifen zweiter Ordnung ohne
Schleifen um die einzelnen Integrationen

Die folgende Analyse zeigt, daß der exponentielle Kurvenverlauf eine dynamische Reaktion darstellt, die der Struktur des positiven Regelkreises zweiter Ordnung entspricht. Das dynamische Verhalten des Systemzustandes Ll wurde hier als exponentiell angenommen. Dies ist richtig; der direkte Beweis hierfür soll in diesem Buch jedoch nicht geführt werden, da er über sein Anliegen hinausgeht. Von der Annahme eines exponentiellen Kurvenverlaufes ausgehend und den Schritten im Regelkreis folgend, kann nun ein zweiter Ausdruck für Ll angegeben werden. Da die beiden Ausdrücke für Ll identisch sein müssen - sie definieren denselben Punkt im System - können ihre Koeffizienten gleichgesetzt und bewertet werden.
Auf diese Weise wird bestimmt, wie die Anfangsbedingungen zueinander in Beziehung zu setzen sind und wie die exponentielle Zeitkonstante von den Werten A1 und A2 abhängt. Außerdem werden wir sehen, daß A1 und A2 beide positiv (oder beide negativ) sein müssen, weil aus ihrem Produkt eine Quadratwurzel zu ziehen ist, die als exponentielle Zeitkonstante eine reelle Zahl ergeben muß. (Ist eine dieser Konstanten negativ, so stellen sich als Ergebnis Sinusschwingungen ein, die im nächsten Abschnitt betrachtet werden sollen).

Es sei also von der folgenden Annahme ausgegangen:

$$L1 = (N1)\, e^{t/T} \qquad \text{GL. 10.2-12}$$

Hat die dynamische Lösung diese Form, so wird sofort klar, daß der Koeffizient des exponentiellen Ausdrucks N1 sein muß; wenn t = 0 ist, d.h., wenn $e^{t/T} = 1$ ist, dann wird L1 = N1. Aus der Kombination der Gleichungen 10.2-10 und 10.2-11 ergibt sich:

$$R2 = \frac{L1}{A2} = \frac{N1}{A2}\, e^{t/T} \qquad \text{GL. 10.2-13}$$

Das Integral von R2 ist nach Gleichung 10.2-11:

$$L2 = (N2) + \int_0^t (R2)\, dt$$

$$= (N2) + \left[\frac{N1}{A2}(T)\, e^{t/T}\right]_0^t$$

$$= (N2) + \frac{N1}{A2}(T)(e^{t/T} - 1)$$

$$= (N2) - \frac{N1}{A2}(T) + \frac{N1}{A2}(T)e^{t/T} \qquad \text{GL. 10.2-14}$$

L2 dividiert durch A1 ergibt R1 (vgl. Gleichung 10.2-8):

$$R1 = \frac{N2}{A1} - \frac{N1}{(A1)(A2)}(T) + \frac{N1}{(A1)(A2)}(T)e^{t/T} \qquad \text{GL. 10.2-15}$$

R1, die in L1 fliessende Rate, muß integriert werden, um L1 zu erhalten.

$$L1 = (N1) + \int_0^t (R1)dt$$

$$= (N1) + \left[\frac{N2}{A1} - \frac{N1}{(A1)(A2)}(T)\right] t + \frac{N1}{(A1)(A2)}(T^2)(e^{t/T}-1)$$

$$= \left[N1 - \frac{N1}{(A1)(A2)} (T^2)\right]$$

$$+ \left[\frac{N2}{A1} - \frac{N1}{(A1)(A2)} (T)\right] t$$

$$+ \left[\frac{N1}{(A1)(A2)}(T^2)\right] e^{t/T} \qquad \text{GL. 10.2-16}$$

Jetzt müssen die Gleichungen 10.2-16 und 10.2-12 für alle Werte von t identisch sein, wenn der exponentielle Ausdruck in Gleichung 10.2-12 eine richtige Definition für L1 sein soll. Die Identität ist gegeben, wenn die Koeffizienten der Ausdrücke in t von Gleichung 10.2-16 mit den korrespondierenden Koeffizienten von Gleichung 10.2-12 übereinstimmen (in Gleichung 10.2.-12 sind die ersten beiden Koeffizienten Null). Setzt man den ersten Koeffizienten in Gleichung 10.2-16 gleich Null, so folgt:

$$N1 - \frac{N1}{(A1)(A2)} (T^2) = 0$$

$$T^2 = (A1)(A2)$$

$$T = \sqrt{(A1)(A2)} \qquad \text{GL. 10.2-17}$$

Die positive Quadratwurzel[1] definiert die Zeitkonstante des exponentiellen Wachstums für die Ratengleichungen 10.2-8 und 10.2-10 in Terms der beiden Parameter A1 und A2. Da die Zeitkonstante ein reales Phänomen repräsentiert, ist es einleuchtend, daß die Koeffizienten A1 und A2 das gleiche Vorzeichen haben müssen.

Setzt man nun die Koeffizienten von t in Gleichung 10.2-16, entsprechend den Koeffizienten von Gleichung 10.2-12 gleich Null, so folgt:

$$\frac{N2}{A1} - \frac{N1}{(A1)(A2)} (T) = 0$$

$$N2 = \frac{(N1)(T)}{A2}$$

Durch Substitution von T nach Gleichung 10.2-17 ergibt sich:

$$N2 = (N1)\sqrt{\frac{A1}{A2}} \qquad \text{GL. 10.2-18}$$

Dieser Ausdruck zeigt, wie der Anfangswert N2 für L2 zum Anfangswert N1 für L1 in Beziehung gesetzt werden muß, wenn die rein exponentielle Kurve schon zum Zeitpunkt t = 0 beginnen soll. Hätte N2 einen anderen Wert, so würde dieser langfristig die Zeitkonstante des exponentiellen Wachstums - wie in Gleichung 10.2-17 definiert - nicht beeinflussen; er würde jedoch zusätzlich einen vorübergehenden Ausdruck in

---

[1] Zu beachten ist, daß $T = -\sqrt{(A1)(A2)}$ ebenfalls eine Lösung ist. Sie ergibt eine negative Zeitkonstante, die in Gleichung 10.2-18 ein negatives Vorzeichen beim Anfangswert von N2 voraussetzt. In diesem speziellen Falle bewirkt der negative Anfangswert N2 für L2 ein Schrumpfen von L2 gegen Null und der positive Anfangswert von L1 erzeugt ein Schrumpfen des negativen Zustandes L2 gegen Null; das System hat ein instabiles Gleichgewicht.

der Lösung entstehen lassen. Dieser bewirkt, daß das rein
exponèntielle Wachstum erst nach einer bestimmten Zeit
dominant wird (Einschwingvorgang).

Die Koeffizienten des Terms $e^{t/T}$ in den Gleichungen
10.2-16 und 10.2-12 müssen ebenfalls gleich sein; es gilt
also:

$$\frac{N1}{(A1)(A2)} (T)^2 = N1$$

Mit dem Wert für T nach Gleichung 10.2-17 ist dieser Ausdruck richtig, zwar ohne daß ein neuer Wert oder eine neue
Beziehung definiert werden muß.

Gleichung 10.2-17 kann in Gleichung 10.2-12 substituiert
werden. Die Lösung ist dann in Terms der ursprünglich definierten Parameter gegeben:

$$L1 = (N1)e^{t/\sqrt{(A1)(A2)}}$$

Damit im Verhalten kein Einschwingvorgang auftritt, muß
der Anfangswert für L2 der in Gleichung 10.2-18 gegebenen
Definition entsprechen. Der Weg zu einem allgemeinen Ausdruck für die Zeitkonstante eines positiven Regelkreises
höherer Ordnung führt von Gleichung 10.2-6 über Gleichung
10.2-17 zur Gleichung 10.2-19:

$$T = \sqrt[n]{(A1)(A2)\ldots(An)} \qquad \text{GL. 10.2-19}$$

Dies gilt jedoch nur für eine Rückkopplungsschleife mit
reinen Integrationen und ohne kleine Regelkreise zwischen
den einzelnen Zustands- und Flußgrößen.

```
* * * * * * * * * * * * * * * * * * * *
* * * * * * * * * * * * * * * * * * * *
```

Prinzip 10.2-3 **Positive Regelkreise höherer Ordnung zeigen exponentielles Verhalten**

Positive Regelkreise n-ter Ordnung zeigen einfaches exponentielles Wachstum (sieht man von Einschwingvorgängen zu Beginn der Zeitreihe ab). Sind die Zustandsgrößen reine Integrationen (ohne Miniaturregelkreise), so ist die Zeitkonstante

$T = \sqrt[n]{(A1)(A2)....(An)}$ und die A's sind die reziproken Werte der Multiplikatoren, die die Systemzustände in die ihnen folgenden Raten transformieren.

```
* * * * * * * * * * * * * * * * * * * *
* * * * * * * * * * * * * * * * * * * *
```

In diesem Abschnitt wurde gezeigt, daß exponentielle Zeitreihen das natürliche Verhalten von Regelkreisen erster Ordnung sind, wobei eine Integration mit sich selbst rückverbunden ist, so daß der Wert des Zustandes die Rate kontrolliert, die wiederum den Zustand verändert. Im Falle eines positiven Regelkreises, wo ein steigender Wert des Systemzustandes eine wachsende Rate erzeugt, zeigt das System positives, exponentielles Wachstum. Ist die Rückkopplung dagegen negativ, dies ist der Fall, wenn ein steigender Wert des Zustandes eine sinkende Zuflußrate erzeugt, so zeigt das System eine negative exponentielle Annäherung an ein Ziel.

Das Verhalten positiver Regelkreise zweiter Ordnung entspricht ebenfalls einem positiven exponentiellen Wachstum mit einer Zeitkonstanten T, deren Beziehung zu den Integrationskoeffizienten durch $T = \sqrt{(A1)(A2)}$ gegeben ist. Da die Zeitkonstante imaginär wird, wenn einer der beiden Parameter negativ ist (zum Beispiel $\sqrt{-1}$), muß das Verhalten

negativer Regelkreise zweiter Ordnung mit ausschließlich
reinen Integrationen anders verlaufen als eine einfache
exponentielle Kurve.

10.3 Integrationen erzeugen Sinusschwingungen

Fig. 10. 2d und die Gleichungen 10.2-9 bis 10.2-11.1
können auch für die Darstellung eines negativen Regelkreises zweiter Ordnung ohne Miniaturschleifen benutzt werden.
Gleichung 10.2-8 muß aber durch Einführen eines negativen
Vorzeichens, das den negativen Charakter des Regelkreises
wiedergibt, geändert werden:

$$R1.KL = -L2.K/A1 \qquad GL. 10.3-1 \quad R$$

Die Zeitreihen für negative Regelkreise zweiter Ordnung
ohne Subschleifen um die einzelnen Integrationen haben Sinusschwingungen. Dies ergibt sich unmittelbar aus Gleichung
10.2-17, nach der ein negativer Wert für A1 zu einer imaginären Zeitkonstanten - sie enthält den Ausdruck $\sqrt{-1}$ - führt.
Sinus- und Cosinusfunktionen können in exponentiellen Ausdrücken mit imaginären Zeitkonstanten geschrieben werden.

In einer einfachen Situation, wo L1 den Anfangswert N1 und
L2 den Anfangswert N2 = 0 hat, ist die Zeitreihe von L1
eine einfache, zum Zeitpunkt t = 0 beginnende Cosinuskurve.
Fig. 10. 3a zeigt das Verhalten dieses Systems für A1 = 5
und A2 = 8.1 (diese Werte wurden so gewählt, daß sich eine
Schwingungsperiode von 40 Zeiteinheiten ergibt, wie aus der
folgenden Figur zu ersehen ist).

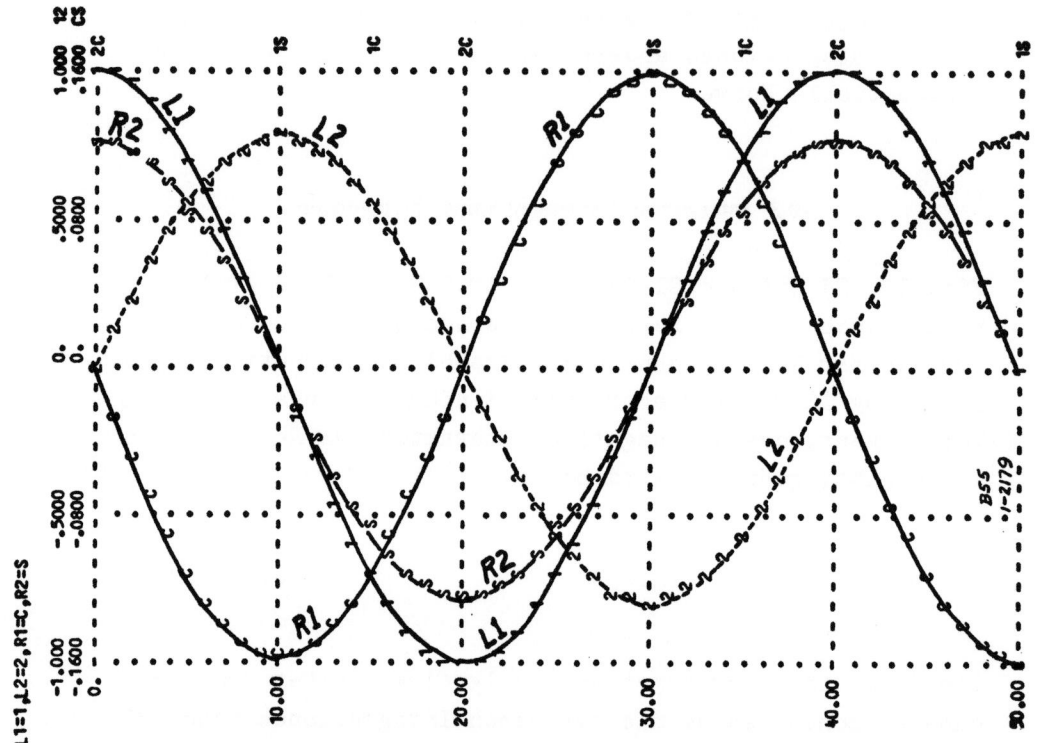

Fig. 10. 3a: negativer Regelkreis zweiter Ordnung ohne
Subschleifen um die einzelnen Integrationen

Tabelle 10. 3 enthält die Anweisungen des DYNAMO-Compilers
für das Erstellen von Fig. 10. 3a:

```
            FILE  B55  REGELKREIS --  ZWEI EINFACHE INTEGRATIONEN   12/12/70
0.1     *      REGLKREIS -- ZWEI EINFACHE INTEGRATIONEN
1       R      R1.KL=-L2.K/A1
1.1     C      A1=5
2       L      L1.K=L1.J+(DT)(R1.JK)
2.1     N      L1=1
3       R      R2.KL=L1.K/A2
3.1     C      A2=8.1
4       L      L2.K=L2.J+(DT)(R2.JK)
4.1     N      L2=0
4.4     PLOT   L1=1,L2=2(-1,1)/R1=C,R2=S(-16,16)
5       C      DT=.01
5.1     C      LENGTH=50
5.2     C      PLTPER=1
```

Tabelle 10. 3: Modell für Fig. 10. 3a

In Fig. 10. 3a hat L1 den Verlauf einer Cosinuskurve. Die Rate R2 verhält sich proportional zu L1 und ist ebenfalls eine Cosinuskurve. Die Zustandsvariable L2 ist das Integral von R2 und folgt der Kurve R2 mit einem Abstand von einer 1/4 Periode; sie hat den Verlauf einer Sinuskurve. Die Rate R1 verhält sich umgekehrt proportional zum Zustand L2. Der Zustand L1 ist das Integral von R1 und folgt R1 im Abstand von einer 1/4 Periode. Der im Regelkreis ablaufende Prozeß, beginnend bei L1 und endend bei L1, verursacht eine Phasenverschiebung von einer ganzen Periode. Die beiden Integrationen folgen aufeinander im Abstand von einer halben Periode. Das negative Vorzeichen von A1 kehrt die Phasen zwischen L2 und R1 um und ist äquivalent zu einer zweiten Phasenverschiebung von einer halben Periode.

Um den Beweis einer Cosinusschwingung für L1 zu führen, soll den Ausführungen des vorangegangenen Abschnittes gefolgt werden. Die Konsequenzen der Annahme einer Cosinuskurve werden bei den einzelnen Stationen des Regelkreises überprüft. Die Koeffizienten von ähnlichen Ausdrücken werden definiert, um so die richtigen Parameter und die Anfangswerte zu erhalten, die notwendig sind, wenn die geschlossene Systemstruktur für das dynamische, in einer Cosinuskurve abbildbare Verhalten von L1 gültig sein soll.

Wir gehen von der Annahme aus, daß

$$L1 = (N1) \cos \frac{2\pi}{P} t \qquad \text{GL. 10.3-2}$$

ist, wobei t die Zeit und P die Periode der Cosinusschwingung ist. Der Anfangswert N1 ist der richtige Koeffizient der Cosinusfunktion. Dies ist offensichtlich, wenn der Cosinus von null zum Zeitpunkt t = 0 gleich eins und L1 = N1 ist. Aus den Gleichungen 10.2-10 und 10.3-2 folgt:

$$R2 = \frac{L1}{A2} = \frac{N1}{A2} \cos \frac{2\pi}{P} t$$

Gleichung 10.2-11 besagt, daß L2 das Integral von R2 ist:

$$L2 = (N2) + \int_0^t (R2)dt$$

$$= (N2) + \left(\frac{N1}{A2}\right)\left(\frac{P}{2\pi}\right) \sin \frac{2\pi}{P} t \; \Big|_0^t$$

$$= (N2) + \left(\frac{N1}{A2}\right)\left(\frac{P}{2\pi}\right) \sin \frac{2\pi}{P} t$$

Aus Gleichung 10.3-1 folgt:

$$R1 = \frac{-L2}{A1} = \frac{-N2}{A1} - \frac{N1}{(A1)(A2)}\left(\frac{P}{2}\right) \sin \frac{2\pi}{P} t$$

Nach Substitution gemäß Gleichung 10.2-9 folgt:

$$L1 = (N1) + \int_0^t (R1)dt$$

$$= (N1) - \frac{N2}{A1} t - \frac{N1}{(A1)(A2)}\left(\frac{P}{2\pi}\right)\left(\frac{-P}{2\pi}\right) \cos \frac{2\pi}{P} t \; \Big|_0^t$$

$$= (N1) - \frac{N2}{A1} t + \frac{N1}{(A1)(A2)}\left(\frac{P}{2\pi}\right)^2 \left(\cos \frac{2\pi}{P} t - 1\right)$$

$$= (N1) - \frac{N1}{(A1)(A2)}\left(\frac{P}{2\pi}\right)^2 - \frac{N2}{A1} t + \frac{N1}{(A1)(A2)}\left(\frac{P}{2\pi}\right)^2 \cos \frac{2\pi}{P} t$$

GL. 10.3-3

Die Koeffizienten der korrespondierenden Ausdrücke in t müssen identisch sein, wenn Gleichung 10.3-3 mit Gleichung 10.3-2 übereinstimmen soll. Für den Koeffizienten, der t nicht enthält und der in Gleichung 10.3-2 gleich Null ist, muß demnach gelten:

$$(N1) - \frac{N1}{(A1)(A2)} \left(\frac{P}{2\pi}\right)^2 = 0$$

$$\left(\frac{P}{2\pi}\right)^2 = (A1)(A2)$$

$$P = 2\pi \sqrt{(A1)(A2)} \qquad \text{GL. 10.3-4}$$

Diese Gleichung definiert die Periode in Terms der beiden Parameter A1 und A2. Interessant erscheint nun die Beziehung zwischen den Gleichungen 10.3-4 und 10.2-17. Aus Gleichung 10.3-4 ergibt sich, daß P/2π denselben Wert hat, wie die Zeitkonstante des positiven Regelkreises, die in Gleichung 10.2-17 definiert ist.

Der Koeffizient von L in Gleichung 10.3-3 muß Null sein:

$$-\frac{N2}{A1} = 0$$

$$N2 = 0$$

N2 muß der Anfangswert von L2 sein, wenn die einfache Cosinuskurve den Verlauf von L1 wiedergeben soll. Wäre N2 nicht null, so würde trotzdem ein Verhalten mit gleichbleibenden Oszillationen entstehen; die Cosinuskurve für L1 würde dann jedoch eine Amplitude, die von N1 und von N2 abhängt und (unter Berücksichtigung von t = 0) eine Phasenverschiebung aufweisen.

Setzt man die Koeffizienten des Ausdruckes $\cos \frac{2}{P} t$ in 10.3-3 und 10.3-2 gleich, so folgt:

$$N1 = \frac{N1}{(A1)(A2)} \left(\frac{P}{2\pi}\right)^2$$

Dies ist richtig, wenn die Beziehung 10.3-4 gilt.

Der einfache negative Regelkreis zweiter Ordnung (ohne Subschleifen um die einzelnen Integrationen) zeigt ein Verhalten mit gleichbleibenden Sinusschwingungen sobald sein Gleichgewicht gestört ist. Die Oszillationsperiode wird größer, wenn die "verbindenden Zeitkonstanten" (dies sind die A's in Gleichung 10.3-4) länger werden. Oft erscheinen die A's in den Ratengleichungen, zum Beispiel in den Gleichungen 10.2-10 und 10.3-1, nicht im Nenner, sondern mit den reziproken Werten ($\frac{1}{A1}$, $\frac{1}{A2}$) im Zähler. In dieser Schreibweise werden die Koeffizienten oft "Verstärkungskoeffizienten" genannt. Wenn V1 = 1/A1 und V2 = 1/A2 ist, dann folgt für die Periode:

$$P = \frac{2\pi}{\sqrt{(V1)(V2)}}$$

In Termini der Verstärkungskoeffizienten (V1, V2) ausgedrückt, wird die Länge der Oszillationsperiode kleiner, wenn die Verstärkung größer wird.

* * * * * * * * * * * * * * * * * * * *
* * * * * * * * * * * * * * * * * * * *

Prinzip 10.3-1 <u>Sinusschwingungen in
einfachen negativen
Regelkreisen zweiter
Ordnung</u>

Der negative Regelkreis zweiter Ordnung
ohne Subschleifen zeigt ein Verhalten
mit gleichbleibenden Sinusschwingungen
und mit einer

Periode $P = 2\sqrt{(A1)(A2)}$, wobei die A's
die die Zustände und die ihnen folgenden
Raten verbindenden Zeitkonstanten oder
die reziproken Werte der Verstärkungs-
multiplikatoren sind.

* * * * * * * * * * * * * * * * * * * *
* * * * * * * * * * * * * * * * * * * *

MIX
Papier aus verantwortungsvollen Quellen
Paper from responsible sources
FSC® C105338

If you have any concerns about our products,
you can contact us on
ProductSafety@springernature.com

In case Publisher is established outside the EU,
the EU authorized representative is:
**Springer Nature Customer Service Center GmbH
Europaplatz 3, 69115 Heidelberg, Germany**

Printed by Libri Plureos GmbH
in Hamburg, Germany